# 无人机入门宝典

修订本

赵雲超　郑宇　著

山东人民出版社·济南
国家一级出版社 全国百佳图书出版单位

**图书在版编目（CIP）数据**

无人机入门宝典/赵雲超，郑宇著．--修订本．--济南：山东人民出版社，2020.10
ISBN 978-7-209-12882-7

Ⅰ．①无… Ⅱ．①赵… ②郑… Ⅲ．①无人驾驶飞机－基本知识 Ⅳ．①V279

中国版本图书馆CIP数据核字(2020)第145773号

**无人机入门宝典**

WURENJI RUMEN BAODIAN

赵雲超 郑 宇 著

主管单位 山东出版传媒股份有限公司
出版发行 山东人民出版社
出 版 人 胡长青
社 址 济南市英雄山路165号
邮 编 250002
电 话 总编室（0531）82098914
市场部（0531）82098027
网 址 http://www.sd-book.com.cn
印 装 济南新先锋彩印有限公司
经 销 新华书店

规 格 16开（169mm×239mm）
印 张 13.75
字 数 160千字
版 次 2020年10月第1版
印 次 2020年10月第1次
ISBN 978-7-209-12882-7
定 价 58.00元
如有印装质量问题，请与出版社总编室联系调换。

# 出版说明

承蒙众多读者的厚爱与支持,《无人机入门宝典》自三年前出版以来加印两次，累计销量逾两万册。这对于我和郑宇来说，是极大的鼓励，也是不小的压力。在这三年中，中国的无人机产业无论在规模还是技术上，都取得了极大的进步：一些当年初步尝试的应用领域，如今已大规模地装备无人机；许多当年难以逾越的技术高峰，如今也已被一一征服。因此，我和郑宇决定，在修校本书原有内容的基础上，将无人机产业近几年的发展写进书里，推出修订本。

马克思在百余年前就已提出：科学技术是生产力。在随后一百多年的时间里，历史无数次地印证了这一真理。在国际形势风起云涌的今天，我们需要尽快发展那些能够提升国运的产业，如航空航天、人工智能、微电子、生命科学、新能源，等等。而知识与教育，正是这些产业的发展基石。

本着为社会提供更优质的航空科普读物的使命，我和郑宇经过长期严谨、客观地调研和整理，终于完成了本书的修订，希望能让大家阅读之后有所收获。

赵雲超

2020年9月于北京丰台

# 第一版序

两位年轻人，一位是已有6年工作经历、今年4月毅然投身无人机职业教育的创业者，另一位是即将攻读硕士学位的在校大学生，他们以对无人机事业的热爱之情，为零基础的读者，编写了这样一本无人机入门书籍。此书，没有艰涩的理论，而是注重通俗易懂的讲解和简单实用的经验，对在无人机行业工作或有志于无人机事业的人们，一定会有所裨益。

无人机的发展史已近百年。有记载的最早的军用无人机的研发，发生在一战时期。20世纪90年代，海湾战争后，军用无人机得到加快发展。进入21世纪，军用无人机走向新的发展阶段，成为空中战场信息系统的重要组成部分和执行空中作战任务的新战机品种。

民用无人机随着军用无人机技术的外溢效应而得到发展。民用无人机在20世纪80年代开始被尝试投入应用，至今的扩展应用仅几十年时间。近年来，受益于无人机技术的成熟和成本的大幅下降，工业类与消费类无人机呈井喷式发展，并出现了一批民用无人机企业。自2010年以来，飞控系统开源化的趋势使越来越多的商业企业和发烧友加入无人机系统设计，成为引爆民用无人机市场的“爆点”。

同神秘、冷血的军用无人机相比，各种各样的民用无人机与国计民生贴得更紧，它们是人类生产工具的延伸，是科学研究的利器，更像是漫天飞舞的空中机器人，是能与人类进行交流的自由飞翔的精灵。当前，民用无人机越来越密切地与通用航空（General Aviation）事业交织，已成为大部分通航业务的新品种航空器，其各类应用几乎没有边界，具有全面发展的永不枯竭的活力。在历史发展的长河中，民用无人机注定具有更加长久的生命力。它们的持续发展和广阔应用，将为人类带来新的福祉。

因此，一切有益于民用无人机事业推进的作为都应该受到鼓励和赞赏。这也是我为两个年轻人的第一本书写序的动因。祝愿此书顺利出版，使更多读者得以学习，为我国无人机事业发挥积极作用。祝愿作者在自己的事业和学业中取得好成绩，作出大贡献。

中国航空学会　张聚恩

2016年12月6日

# 第一版前言

作为一名无人机的爱好者和从业者，笔者于一年前投身无人机职业教育和青少年科技教育行业，许多学生和对无人机感兴趣的朋友要求我推荐一本适合零基础人群、综合性较强的无人机入门书籍，因此笔者决定结合自己的工作经验和对无人机的理解，撰写此书。

在过去的几年里，“无人机”这个名词频繁地出现在各种新闻中。毫无疑问，这种高科技产物已经真正走进我们的生活。这种飞行器给人们带来了很多便利，也给许多行业的作业方式带来了积极的转变。然而，对于大多数人来说，它还是一个既新鲜又神秘的事物。人们虽然频繁地看到它，甚至亲手驾驶它，却并不一定很了解它。希望本书可以帮助大家形成一个对无人机相对客观和全面的认识。

另外需要说明的是，本书不是一本学术著作，大家可以把它看成一本科普读物或行业入门教材，只要具备初二物理水平的人都可以轻松读懂绝大部分内容。因此，希望对如导航制导与控制、机械结构设计、能源与动力等细分学科进行深入钻研的读者，可以选择其他专业性较强的书籍进行学习。

由于笔者的水平、精力、资源有限，书中难免留下一些小遗憾，还请各位读者朋友加以指正。如有需要，可发送邮件至邮箱wurenjirumen@126.com进行交流。

## 本书的框架结构

本书共分五章。

第一章：讲述无人机的定义并介绍一些有特色的无人机。

第二章：初步介绍无人机系统的组成，多旋翼无人机与固定翼无人机的区别以及无人机的应用。

第三章：详细介绍无人机的机体平台、动力系统、导航与控制系统、链路系统、载荷系统和地面站系统等六个分系统。其中还包含一些无人机的设计细节和检测手段。

第四章：从飞行原理、飞行模式、飞行环境、安全注意事项和飞行训练等角度出发，对无人机的飞行进行详细解析；此外，还涉及部分无人机教育与无人机法律法规相关内容。

第五章：主要介绍如何DIY一架多旋翼无人机。

## 本书面向的读者群

这是一本无人机入门书籍，适合以下几类读者：

各个年龄段的无人机或航模爱好者；

刚刚进入无人机行业的从业者；

接触无人机不久的行业应用者；

中、高级职业教育学校相关专业的师生；

从事青少年科技教育的机构。

## 为何要阅读本书？

对于上述范围内的读者，相信他们在阅读本书之后会有很大收获。那么对于该范围之外的读者，例如一位语文老师或一位公司文员，本书是否还有意义呢?

其实，我们可以把这个问题进行延展：不从事科技相关行业或对科技不感兴趣的人群，是否有必要阅读科普类书籍?

这个问题使笔者想起一个故事：1998年世界杯后，一位中国记者向时任法国国家队主帅的埃梅·雅凯提出一个问题：“为什么法国足球这么厉害?”雅凯先生回答道：“因为法国有许多人热爱踢球。”

真可谓一语道破天机！在一个国家，一项全民积极参与的活动，其最高水平也一定是很高的。这和科普教育是一样的道理。只有所有人都重视科技，积极地学习科技，这个国家的科技水平才能实现长足的进步。

科技水平，不仅能代表一个国家的综合国力和文明程度，更能保障这个国家的国际地位。众所周知，一国的科技水平在很大程度上体现了其军事水平。在现代战争中，高科技的作用无可替代。当然，拥有领先的科技水平和军事力量并非为了侵略，而是为了守护——只有拥有了护国利器，才能威慑敌人，从而避免战争。岂不闻：“苟能制侵陵，岂在多杀伤?”

和足球的道理一样，决定一个国家科技水平和后续发展潜力的核心因素，并非顶尖科研院所或某一小部分精英，而是我们每一位普通人。只有每个人都重视科技、了解科技、热爱科技，我们的祖国才能成为真正的科技强国。也只有这样，我们国家的未来才会更加美好。

希望本书可以为大家打开一扇通往科技的兴趣之门。

赵雲超

2017年1月

# 目 录

第一章

# 走近无人机

## 第一节　年少时的梦想

许多人在孩童时代都有一个梦想：拥有一架属于自己的小飞机。在20世纪七八十年代，哪怕一架不能动的静态飞机模型，也足以让我们兴奋好一阵子。要知道，在那个科技较为落后的年代，一架能飞的航模对大多数人来说是绝对的奢侈品。但这并不妨碍我们对飞行器的热爱，几乎每个孩子都会从幼儿园阶段开始练习折纸飞机，然后和小伙伴们在投掷比赛中一较高下。

随着科技的不断进步，一种不仅能飞还能执行各种任务的飞行器在经历军事应用、工业应用两个阶段的锤炼

**图1.01　被无人机吸引的儿童**

后，日趋成熟并逐渐脱下神秘的外衣，开始“飞入寻常百姓家”。

这就是本书的主角——无人机。

## 第二节 天空中的精灵

无人机，也称“空中机器人”，它是科技集成度最高的机器人之一。在动画片或科幻片里，这种天空中的精灵永远是最吸引人眼球的主角，它们总能以各种方式完成几乎不可能完成的任务。

当然，并不是所有不载人的飞行器都可以叫作无人机，那么无人机究竟应该被怎样定义呢?

无人机是一个比较宽泛的概念，一般指具有自主飞行能力、机上不搭载驾驶员的飞行系统。绝大多数无人机可以根据起降方式及飞行原理归为两种：旋翼无人机和固定翼无人机。而大多数时候，我们又按照习惯将它们归为三种：多旋翼无人机、固定翼无人机、无人直升机。其他诸如仿生扑翼机和无人飞艇等飞行器属于冷门，在此不做概述。由于本书面向的对象以初学者为主，因此主要讲解民用领域中出镜率最高的多旋翼无人机和固定翼无人机。

多旋翼无人机，指带有两个以上旋翼、依靠螺旋桨旋转产生向上升力而起飞的无人机，俗称“多轴”。多旋翼有几个轴，就可以叫作“几轴”。如四旋翼，我们可以称其为“四轴”。

固定翼无人机，指带有机翼并且机翼位置固定不变的无人机，它的外观很像我们平时乘坐的客机。这种无人机依靠螺旋桨产生向前的推力或拉力，利用机翼上下表面产生的压力差飞行。

**图1.02　MD4-1000四旋翼无人机**

在此为大家介绍一些民用无人机中有特色的经典机型。

这款科技感十足的四旋翼无人机来自德国的Micro Drones公司。Micro Drones公司是德国一家全球领先的四旋翼无人机系统开发商，成立于2005年10月。其研发的无人机系列的客户遍及警察、消防、军队、测绘、地质、考古、影视、环保、监控等多个专业领域。严格的工艺流程和丰富全面的检测手段使得该公司产品的故障率远远低于业内平均水平。其核心产品多旋翼无人机MD4-1000和MD4-3000代表了全球工业级无人机的一流水平，已经被大量应用于土地测量、电力巡线、警用侦察、森林防火等领域。

**图1.03　多比无人机**

这款体积小巧的口袋无人机出自北京零度智控之手。作为口袋无人机中最具代表性的机型，这款飞机不仅外表讨人喜欢，而且功能极其强大：抛飞、语音控制、体感操控，甚至还具备一键翻转功能。整机总重不到200克，完全折叠后只有智能手机大小。这款无人机的问世意味着消费级无人机即将真正开始走进千家万户。

**图1.04 小黑侠2无人机**

这款由北京零零无限科技有限公司研发的消费级无人机小黑侠2经过多年打磨后，不仅在飞行性能上大大提升，还嵌入了先进的AI技术，提升了智能跟拍功能的可靠性。其独创的旋转式视觉雷达系统位于机身顶部，可结合SLAM（即时定位与地图构建）、VIO（视觉惯性里程计）以及3D Mapping（3D建图技术）、路径规划等先进的避障算法，帮助小黑侠2更智能、更安全地飞行。

**图1.05 深圳常锋推出的油动直驱多旋翼无人机**

这款由深圳常锋信息技术有限公司研发的油动直驱多旋翼无人机与绝大多数多旋翼无人机不同，它的动力是由多个发动机驱动的。经过多年的打磨，这款无人机在飞行性能上获得了极大的突破。它的成熟意味着多旋翼无人机即将摆脱锂电池带来的航时限制，从而达到像油动直升机那样的长航时。目前这款无人机已经被广泛应用于农业植保领域，最大载重70千克以及最长续航3小时的性能可以帮助作业队在原有基础上大幅提高喷洒效率。

**图1.06 广州彭资的信息安全检测无人机**

广州彭资信息技术有限公司是一家致力于提供智能设备综合解决方案的高新技术企业。2015年，这家公司发布了一款信息安全检测无人机。这款貌不惊人的无人机在飞行过程中会采集周围环境的Wi-Fi信息，并对其安全等级进行分类，一旦发现安全等级弱的信号源，即对其名称、坐标等信息进行记录。这款飞机的问世将对互联网大数据库的构建起到极大的推动作用。

**图1.07 广州彭资的信息安全检测无人机检测到的Wi-Fi信息**

**图1.08　大疆创新的“御”**

这款由深圳大疆创新科技有限公司推出的消费级无人机装备了有效距离7000米的4K高清图传，而且能够感知前方15米内的物体并做出避障动作。除此之外，这款飞机号称能达到27分钟的续航时间并且具备地形跟随功能。

**图1.09　蜂巢航宇研发的油电混合动力无人机**

这款由蜂巢航宇独立研发的油电混合动力无人机有别于大多数无人机。通过机载燃油发动机供电，无人机的飞行性能获得了极大的提升。这款无人机在挂载2千克载荷的情况下可以飞行4个小时。超强的飞行能力和稳定性可以确保这款无人机携带光电吊舱、气体检测仪、激光雷达和倾斜摄影相机等重量级载荷进行长时间的飞行作业。这款无人机曾在2017年飞越渤海湾，创下了无人机界的纪录。

**图1.10　大漠大无人机编队演出**

你有没有想象过无人机像蜂群那样保持队形协同飞行？现在这项技术已经变成了现实，并且在商业广告中得到了大量应用。

**图1.11　大漠大无人机在2020年春晚上的精彩编队演出**

上图中的编队飞行技术由大漠大智控研发。这项技术采用集中式控制方式，可以在空中进行三维队形变换，同时具有动态编号、自动补位、路径规划、自防撞、多目标优化以及行为自组织等高端功能，在空中也可进行LED灯的控制。

第二章

# 无人机系统概述

我们绝不能把无人机简单地理解成一架飞机，它是一个整体系统，严格意义上讲，我们应该叫它“无人机系统”。它的各个分系统构成了一个完整的体系，在这个体系中，缺少任何一个分系统都会导致整体系统无法正常运转或缺失某项功能。

如图2.01无人机系统构成图所示，无人机系统分别由机体平台、动力系统、导航与控制系统、链路系统、载荷系统、地面站系统等分系统构成。本章将分别对多旋翼无人机系统和固定翼无人机系统做简要介绍，在下一章中将对各个分系统做深入讲解。

## 第一节　多旋翼无人机系统概述

### 机体平台

多旋翼无人机最常见的机型是四旋翼。四旋翼又分为两种机型：X型和十字型。这两种机型的特点将会在第三章介绍。

图2.01 无人机系统构成图

下图为X型和十字型的四旋翼示意图，箭头表示螺旋桨的旋转方向。

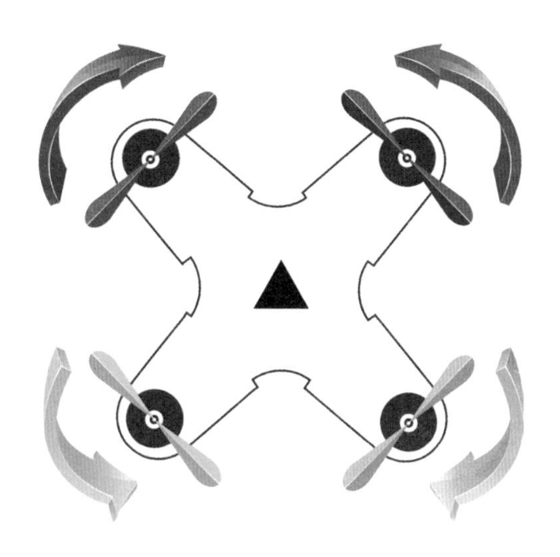

图2.02　X型四旋翼无人机

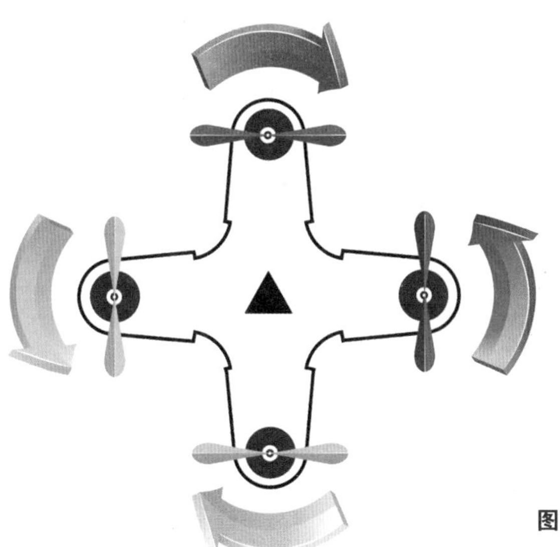

图2.03　十字型四旋翼无人机

相较于对气动设计要求很高的固定翼无人机，多旋翼机体对气动设计的要求并不高，甚至用一片木板作为机体也能顺利起飞。但如果要将无人机应用于工业或军用领域，就必须对机体的生产工艺和原材料进行严格的把控。

## 动力系统

多旋翼无人机的动力系统包括以下四个部分：电池、电机、螺旋桨和电调。

电池是多旋翼无人机储存并释放能量的部件。电池有以下几个主要指标：容量、电压、最大放电倍率等。

**图2.04　动力电池**

无刷电机是多旋翼无人机动力系统的重要组成部分。与有刷电机相比，无刷电机效率更高、使用寿命更长、成本更低。可以说近些年无刷电机技术的成熟是多旋翼无人机崛起的重要基础之一。无刷电机有以下三个主要指标：KV值、尺寸、重量。

**图2.05　无刷电机**

螺旋桨是为无人机提供动力的最直接部分。它通过高速旋转产生向下的气流使得无人机获得向上的升力。无人机使用的螺旋桨多数很锋利，在高速旋转的状态下具有很大的杀伤力。因此，初学者一定要注意：在调试无人机时，一定要先拆下螺旋桨。螺旋桨有两个主要指标：直径和螺距。

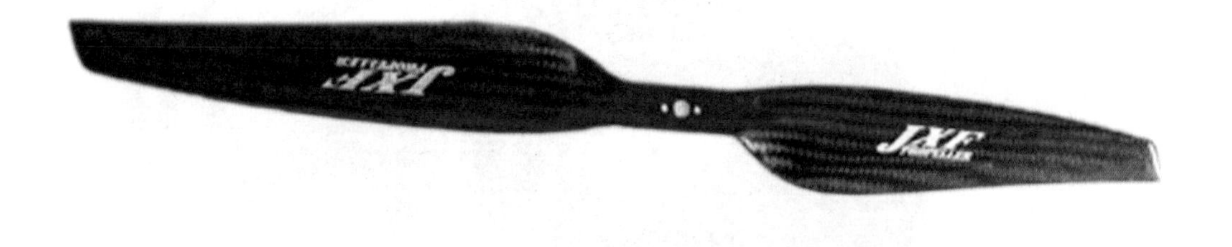


**图2.06　河南劲旋风生产的碳纤维螺旋桨**

电调是飞控连接电机的桥梁，负责控制电机转速和供给电机电能。

**图2.07　无刷电调**

## 导航与控制系统

实际上，这是两个经常被同时提起、相互关联但又不可混为一谈的系统。

导航系统指的是无人机用于确定自己空间位置的模块，无人机系统中大多使用的是GPS卫星定位系统。导航系统的存在使得无人机与航模有了本质上的区别：装备了导航系统的无人机具备自主飞行能力。

控制系统一般指无人机的自驾仪，它通过综合分析各种来自传感器的信息控制飞机的飞行姿态，因此俗称“飞控”。飞控在没有导航系统的情况下也能正常工作，但是会失去“定位”功能。控制系统与导航系统搭配使用，不仅可以帮助无人机实现精准悬停，还可以按照规划好的航线实现自主飞行这一功能。相反，没有导航系统的飞行器不具备以上两种功能，例如大多数穿越机和遥控玩具，操作者虽然可以通过操控这些飞机体验手动飞行的乐趣，却无法将之应用于工业领域。

**图2.08 上海极翼研发的K系列飞控**

上图为极翼机器人（上海）有限公司研发的K系列飞控。其中，专业的K++植保飞控融合了经典飞控K3-A的优势，并在兼容性及多冗余方案上进行了强化，形成了多余度冗余控制系统，性能优越，可靠性极强，可有效保障作业安全。不仅如此，该飞控还具备断点续喷、一键横移、AB点设置、自主航线等功能，配合极翼自主开发的专业植保手机地面站，可以让使用者实现纯手动、半自动、全自动控制的喷洒作业。药量监控、面积计算、飞行速度与喷洒流量联动等功能更可以直接帮助使用者实时了解作业进度，掌控作业效果，避免多喷漏喷。这款飞控的问世将使农业植保无人机具备更高的智能化程度和更好的操作性。

# 链路系统

链路系统的本质就是两个相互通信的电台。通过链路系统，无人机系统可以实现数据、图像等信息的发送与接收。链路系统分为数传链路和图传链路。

**图2.09 凌美芯高清图传链路**

上图为凌美芯（北京）科技有限责任公司推出的无线高清数字图传模块。这家致力于数字图像处理技术的公司于2016年底联合上海酷芯微电子推出了这款性价比极高的高清数字图传模块，过硬的性能和超高的性价比让这款产品在业内广受好评。

## 载荷系统

载荷系统是无人机的任务系统。载荷的种类繁多，常见的有可见光相机/摄像机、红外热成像仪、多光谱相机和多功能吊舱等。

下图为远度科技自主研发的多功能吊舱。

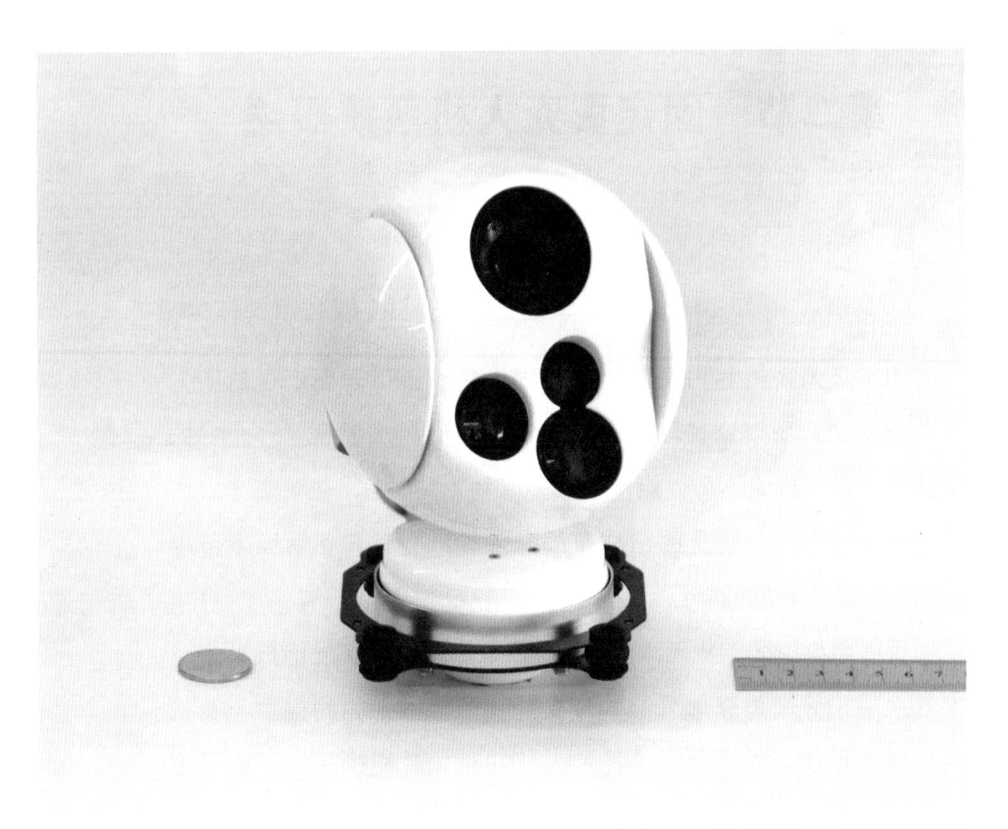

**图2.10 远度科技自主研发的吊舱**

## 地面站系统

民用的地面站系统往往就是一台笔记本电脑或一个平板电脑。它们安装了自驾仪控制软件，可以用来规划航线、上传指令并进行数据管理，当然这需要配合链路系统。

# 第二节　固定翼无人机系统概述

## 机体平台

固定翼无人机利用高速运动过程中机翼上下表面产生的压力差获得升力，所以这种飞机对气动外形设计要求较高。一个好的设计可以对飞机的飞行性能产生很多有利影响。

固定翼无人机常见的结构布局有多种，我们将在后面章节中详细介绍这些布局的特点。

目前微小型固定翼无人机多采用PC塑料蒙皮、发泡成型或轻木骨架架构等较为简单易制的方式。其中轻木架构的模型与真机结构较为相像，以便我们进行最大化的真机性能模拟，所以是很多高校以及研究所对固定翼飞控进行研究的首选机体平台。

## 动力系统

固定翼无人机的动力系统分为油动与电动。电动固定翼无人机对新手而言上手较为简单，其动力系统分为螺旋桨、电机、电调、电池。由于固定翼无人机与多旋翼无人机采用的电机、电调、电池有着较高的相似度，此处不再赘述。

油动固定翼无人机的油路、电路较为复杂，动力系统主要分为发动机、点火器、油箱、油管、螺旋桨五个部分。我们在调试发动机性能时需要将飞机作业环境的湿度、温度、海拔等多种因

**图2.11　甲醇发动机**

素考虑在内，平衡主油针与副油针，使发动机获得稳定的怠速及高速飞行时的动力性能。

固定翼无人机动力系统中除发动机外其他部件均与多旋翼无人机的部件类似，在此不再赘述。

## 导航与控制系统

固定翼无人机的导航与控制系统与多旋翼无人机类似。固定翼无人机的导航系统同样依靠卫星定位与气压计定高。与多旋翼无人机不同的是，固定翼无人机需要空速管来确定飞机当前的航速，这是多旋翼无人机没有的部件。

与多旋翼无人机的控制系统通过改变电机转速来控制飞机姿态不同，固定翼无人机的控制系统是通过调整不同舵面和发动机的转速来对飞机进行操控。

## 链路、载荷与地面站系统

由于固定翼无人机的链路、载荷与地面站系统与多旋翼无人机的系统相似，在此不再赘述。

# 第三节　多旋翼无人机与固定翼无人机的区别

在过去的几十年里，由于导航、动力、微电子等技术还不成熟，多旋翼无人机并没有在历史的舞台上大放异彩，那时的旋翼无人机主要指直升机。但近些年随着各种技术的不断成熟，多旋翼无人机“异军突起”。它不仅被成功应用于军事、工业领域，而且逐渐走进我们的日常生活，具有易于装配、保养且便于携带的优点。

固定翼无人机则不同，它的应用历史悠久，在二战期间便被广泛应用于军事领域。然而，与多旋翼无人机相比，固定翼无人机因其起降方式的限制很难被人们广泛应用于日常生活中。多旋翼无人机与固定翼无人机在结构、动力、应用场景等方面都有很大区别，下面让我们来了解一下二者的不同。

## 结构上的区别

### 多旋翼无人机的结构

以四旋翼无人机为例。四旋翼无人机的机体平台包括机体、四个轴(含电机、螺旋桨等)、起落架等。

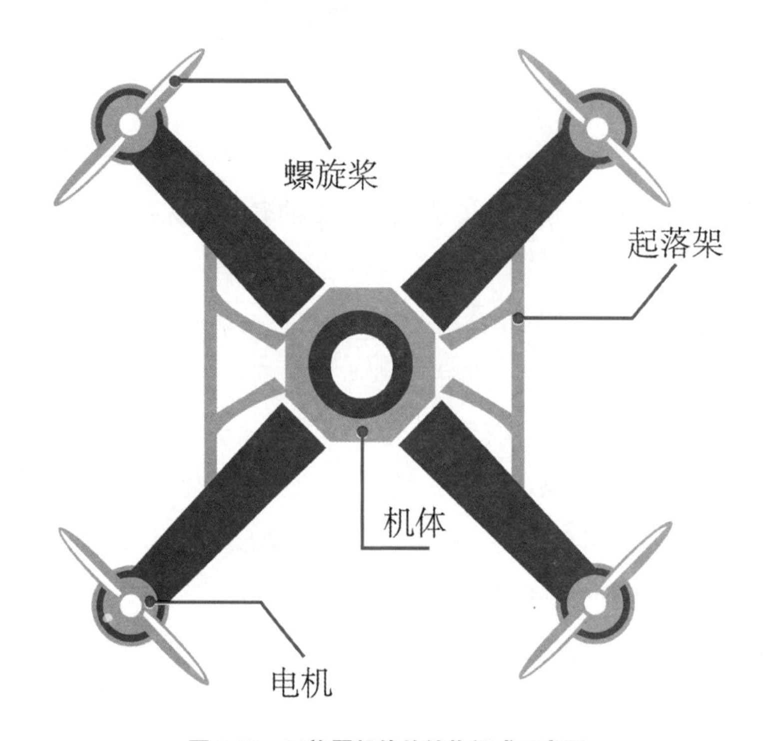


**图2.12　四旋翼机体的结构组成示意图**

和固定翼无人机的飞行原理不同，多旋翼无人机依靠螺旋桨旋转产生的升力升空。也就是说，固定翼无人机依靠机翼产生升力，依靠副翼和尾翼控制俯仰、滚转和偏航，但四旋翼无人机不需要机翼、副翼和尾翼，它只有四个旋翼。这四个旋翼所在的平面都是水平的，它们所产生的升力方向都垂直于飞机所在的水平面。四旋翼无人机依靠电机的转速实现各种运动姿态，因此，它并不需要机翼和尾翼。

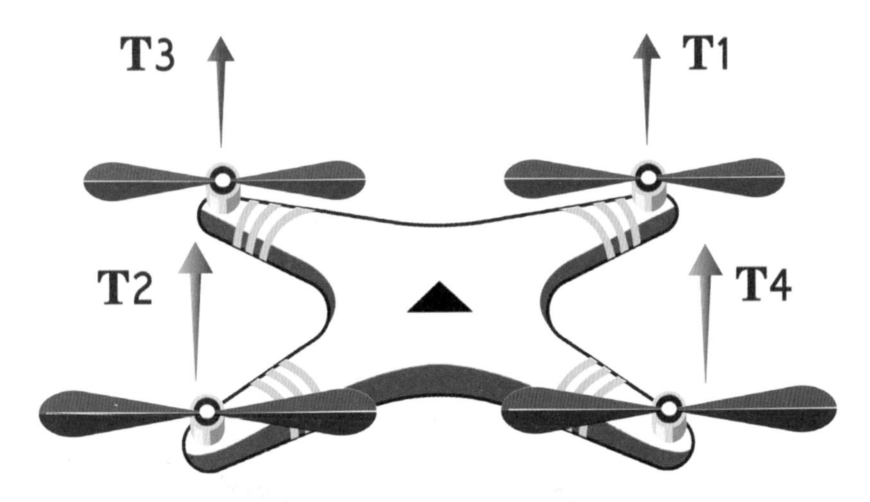


图2.13 四旋翼无人机升力方向示意图

## 固定翼无人机的结构

固定翼无人机主要由机身、机翼、尾翼（垂尾和平尾）、起落架等部分组成。与多旋翼无人机不同的是，固定翼无人机依靠安装在机体上的动力装置产生推力或拉力驱动飞机向前运动，从而使得机翼获得升力，其中的原理我们将在第四章讲到。

**机身：**用于安装动力系统、导航与控制系统、载荷系统、链路系统等电子设备，并连接机翼、尾翼（垂尾和平尾）和起落架，将飞机的各部分连接成一个整体。

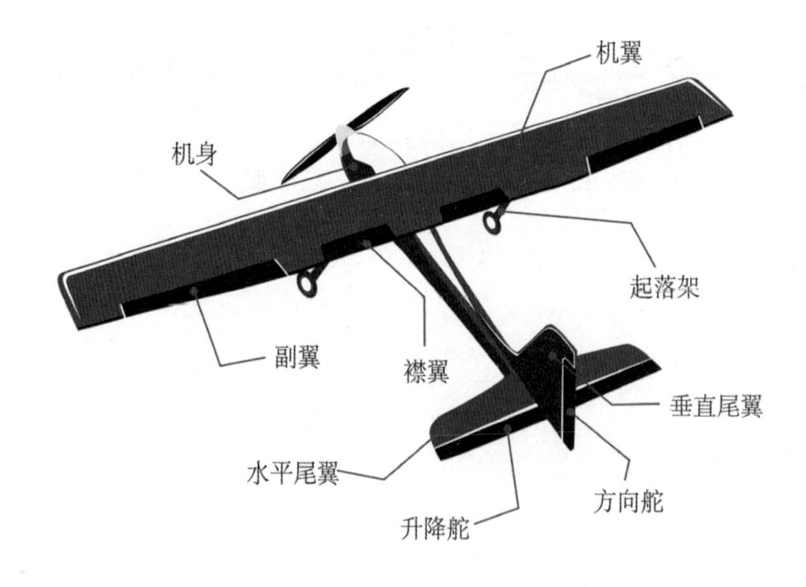


**图2.14　固定翼无人机结构组成示意图**

**机翼：**机翼的作用是产生升力，以支持飞机在空中飞行。飞机的机翼后缘装有可活动的副翼和襟翼，副翼是安装在机翼后缘外侧的活动翼面，用于控制固定翼无人机的滚转姿态，襟翼是安装在机翼后缘内侧的活动翼面，依靠改变机翼的弯度来调整起降阶段的升力和速度。

**尾翼：**由垂直尾翼（简称“垂尾”）和水平尾翼（简称“平尾”）组成，用来保持飞机在飞行中的稳定性并控制飞机的飞行姿态。垂尾由固定的垂直安定面和可偏转的方向舵组成，垂直安定面提升无人机的横向静稳定性，方向舵用来控制无人机的航向运动；平尾由固定的水平安定面和可偏转的升降舵组成，水平安定面提升无人机的纵向静稳定性，升降舵用来控制无人机的俯仰运动。

## 动力上的区别

### 多旋翼无人机的动力

现有的多旋翼无人机绝大多数采用锂电池作为动力。放弃汽油等燃料作为动力，意味着飞机将受制于航时。实际上，这是一个迫不得已的选择。多旋翼无人机能够平稳地飞行，是多组电机与螺旋桨高精度同步工作的结果，而多组油动发动机很难实现这种高精度的协同工作，因此，多旋翼无人机多数只能暂时采用锂电池作为动力。

然而，现在已有一些无人机厂商研发出油动直驱多旋翼无人机，这项技术的成熟意味着多旋翼无人机也将拥有“变态”的航时。

**图2.15　深圳常锋研发的油动直驱多旋翼无人机**

上图为深圳常锋研发的油动直驱多旋翼无人机正在执行植保喷药任务。与大多数植保无人机不同，这款飞机超强的载重和续航能力使得它可以避免因频繁降落而更换电池的问题，从而确保该飞机的作业效率。

## 固定翼无人机的动力

传统的固定翼无人机采用甲醇或汽油作为动力。测绘行业最常见的“大白”无人机就是以汽油为动力。近些年随着电池和无刷电机研制技术的不断进步，也有部分小型飞机采用锂电池作为动力。相较于油动固定翼无人机，采用锂电池作为动力的固定翼无人机震动更小但航时更短。

**图2.16　被改装后的电动“大白”无人机**

除了电机与发动机的区别，多旋翼无人机与固定翼无人机的螺旋桨也有区别。多旋翼无人机螺旋桨的螺距较小，而固定翼无人机螺旋桨的螺距往往较大。

## 优势与劣势

### 多旋翼无人机

与固定翼无人机相比，多旋翼无人机具备两个明显优势。首先，多旋翼无人机采用垂直起降的方式，因此它对起降场地的要求很低。轴距650毫米的四旋翼无人机，只需要4平方米左右的空间就可以起飞。其次，多旋翼无人机可以实现空中定点悬停，而这是绝大多数固定翼无人机无法实现的。

鉴于以上两个优势，多旋翼无人机可以被应用在很多固定翼无人机无法涉足的领域。但是，动力上的受限也导致了多旋翼无人机的航时短板。常规的电动多旋翼无人机往往只能续航几十分钟甚至十几分钟。航时短、航程短、载重小，这是多旋翼无人机目前最致命的缺陷。

### 固定翼无人机

固定翼无人机的优势在于速度快、航时长、航程远，因此往往被应用于远距离或大面积作业任务，如大面积测绘、远距离侦察等。

固定翼无人机的劣势在于，无论起飞或降落，都需要长距离

**图2.17　安尔康姆团队在灾区抗震救援**

无障碍物的平坦跑道。就像大家乘坐客机时一样，飞机起飞需要滑跑很长一段距离才能达到起飞速度，降落时也需要很长一段距离才能降落。而很多时候，作业现场很难提供这样的起降场地。

在2008年的汶川地震中，固定翼无人机首次出现在我国抗震救灾工作中。在当时的一次飞行任务中，由于山体滑坡导致没有合适场地降落，飞机只能勉强着陆。虽然当时的驾驶员凭借高超的飞行技巧将飞机平稳降落，保住了宝贵的地形影像资料，但是这件事也暴露了固定翼无人机对起降场地要求苛刻的先天劣势。

图2.17、图2.18、图2.19为2008年汶川地震抗震救灾工作现场，安尔康姆航测团队在安康先生的带领下深入灾区配合国家

图2.18　安尔康姆团队在灾区抗震救援

图2.19　安尔康姆团队在灾区抗震救援

图2.20　固定翼无人机弹射架

测绘局进行航测工作。无人机航测采集的影像资料帮助救灾部队避免了大量的危险工作，并为救援工作赢得了宝贵时间。

随着技术的进步，无人机弹射起飞、开伞降落等技术被逐步普及。但无人机在伞降过程中容易受到气流影响，导致其实际降落地点与预想偏差较大。而弹射起飞则需要携带比飞机本身还重很多倍的弹射架和发电机，不便运输。

# 第四节　新兴机型

近几年，随着控制算法的逐步成熟，两种新兴机型横空出世。它们打破了原有无人机在特点和性能上的桎梏，帮助无人机开发了新的应用场景，为产业发展带来了勃勃生机。

## 垂直起降无人机

全球众多知名研究机构都在致力于探索如何将多旋翼无人机与固定翼无人机的优势融合，因此一种新型飞行器也应运而生——垂直起降无人机。

垂直起降无人机特指具有垂直起飞和降落能力的固定翼无人机。这种机型不仅解决了固定翼无人机起降难的弊端，更兼具了固定翼无人机的长航时、大航速和高升限的飞行特性以及旋翼类无人机的定点悬停功能，故应用场景更加广泛。

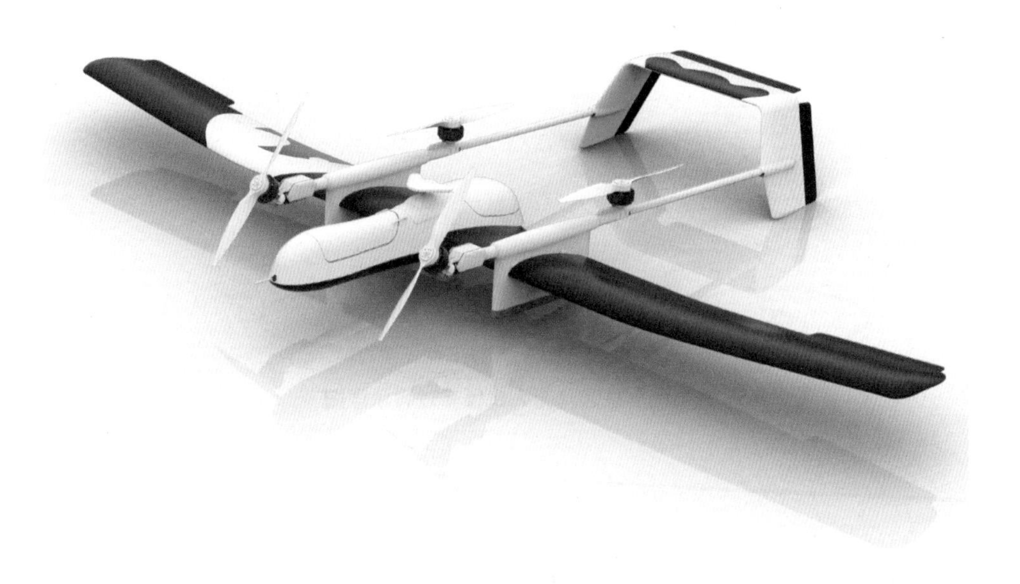

**图2.21　深圳埃游科技研发的丑小鸭垂直起降无人机**

上图是埃游科技（深圳）有限公司研发的倾转旋翼式垂直起降无人机。该机型有四组动力装置，垂直起飞模态由前面两台电机向上倾转至垂直位置与后面两台电机同时工作产生垂直向下的动力将飞机抬升至空中。当开始转换至前飞模态时，前面两台电机同时向前倾斜45度带动飞机向前飞行；当飞行速度大于前飞转换速度时，前面两台电机继续向前倾转至水平位置，后面两台电机停止转动。至此完成从垂直到平飞的转换过程；反之完成从水平飞行向垂直降落模态的转换。

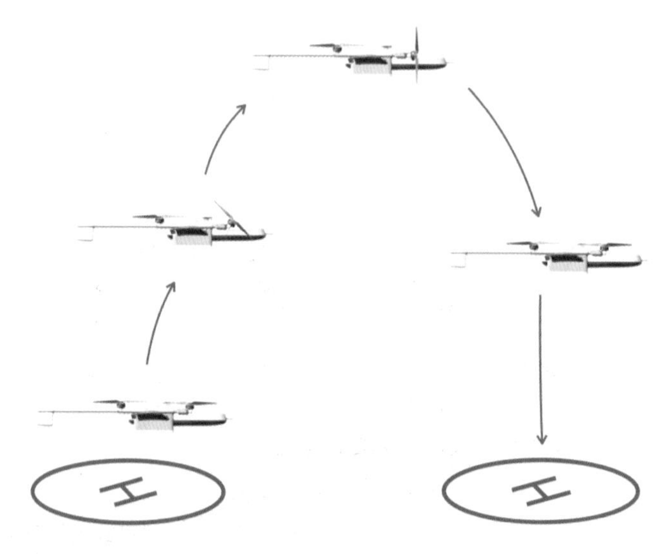


**图2.22 丑小鸭垂直起降无人机倾转过程示意图**

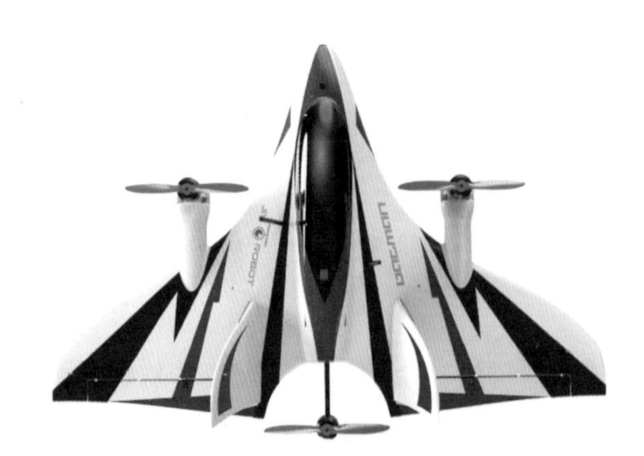

**图2.23 南京吉翼机器人自主研发的消费级倾转旋翼无人机**

上图为南京吉翼机器人自主研发的消费级倾转旋翼无人机。机身采用高密度EPO材料，翼展为1145毫米，长度为795毫米，航时25—30分钟，可携带轻型载荷完成简易任务，同时可满足爱好者及新手的娱乐或训练需求。

# 倾转双旋翼无人机

由北京零零无限科技有限公司研发的“猎鹰”无人机是全球首创V型双旋翼无人机。全新的V型双旋翼动力系统，搭载业界领先的飞行控制算法，在打造简洁酷炫外形的同时可带给用户超长续航的极致航拍体验。V型双旋翼结构设计极大地提升了无人机动力系统的效率，这足以确保这款无人机在挂载了沉重的专业摄影器材后仍然可以实现超长航时。

**图2.24 零零无限的双旋翼“猎鹰”无人机**

# 第五节　应用场景

毫不夸张地说，人们现在挖掘到的无人机的价值，只是它真正价值的冰山一角。无人机的价值不仅在于它能完成一些人类难以完成或需要花费巨大成本才能完成的工作，更在于它在进行危险作业时可以最大限度地避免人员伤亡。下面，我们来了解一下无人机的常见应用场景。

## 测　绘

测绘领域是固定翼无人机最大的民用市场，也是目前最成熟的民用市场。这种应用要求无人机在飞行作业后将得到的大量图片拼在一起以进行地图绘制。传统的测绘手段效率低下、成本高昂，最重要的是一些山区、沼泽地带的测绘任务有可能给测绘队带来人身危险。相较于传统的测绘手段，无人机测绘在作业效率、成本控制以及人身安全等方面都具备很大优势。

图2.25是“大白”固定翼无人机通过航空测绘取得的图片资料。这种传统的油动“大白”无人机往往一个起降就能覆盖数十平方千米的面积。

## 航　拍

那些曾经难倒无数导演的航拍镜头如今已经大量出现在各种影视节目中。科幻片、灾难片、纪录片、宣传片、战争片……如今没

**图2.25　2008年四川汉旺航测图**

有航拍镜头的影视作品很容易被人们“歧视”。不仅如此，户外商业活动、房地产宣传、旅游景点宣传等，也都早已离不开航拍。

当然，那些精彩的航拍镜头不仅源自拍摄者精湛的飞行技巧，还源自航拍者的艺术感。想要拍出精彩的镜头，我们在熟练掌握飞行技巧的同时还要具备一定的摄影技巧。

## 农　业

随着农用植保无人机的横空出世，农民将不再饱受“喷药之苦”。这种喷药方式，不仅可以大大提高作业效率，还可以在喷药过程中保护作业者，使其远离农药的危害。

**图2.26 空中视角的海岸风景（北京龙脉无人机提供）**

率先将无人机大量应用于农业植保的国家是日本。为了提高效率，他们使用雅马哈无人直升机对农田进行喷药作业。然而，直升机成本高昂、操作难度较大、需要定期维护保养等限制，使得这种机型仅在我国少数地区得到应用。因此，我国多使用多旋翼无人机进行植保作业。

**图2.27 羽人植保无人机在为荔枝林喷洒农药**

多旋翼无人机虽然每工作十几分钟就要返航降落更换电池，但是在专业作业队手里，该机型仍然可以保持较高的作业效率。

在农业领域，除了喷洒农药外，无人机还被应用于病虫害评估以及动植物数量评估。

## 电 力

曾经的电力巡检需要工人爬上电塔，近距离观察。现在巡检员只需使用搭载了可见光相机和红外热成像仪的多旋翼无人机，即可近距离查看电塔情况，一旦发现设备短路或电线破损，可立即展开修复。这种巡检方式不仅大大提高了巡检效率，还可避免巡塔工人触电或摔伤事故的发生。

**图2.28 无人机进行电塔巡检的第一视角（山东超景深提供）**

# 实时建模

在许多场景下，我们需要使用无人机搭载摄像头采集环境信息，并在现场迅速建立虚拟模型。下图为凌美芯联合中科院开发的一款实时建模系统，该系统可以在极短时间内完成虚拟建模，为现场指挥系统提供重要的判断依据。

**图2.29 依托于无人机的实时建模系统**

## 物流运输

在国内，一些物流公司正在使用无人机运送快递。在国外也有类似的应用案例。随着技术的进步和法律的逐步完善，物流无人机给我们带来越来越多的便利。

除此之外，无人机还可应用于警用监控、石油管道巡检、水污染巡检等领域。

**图2.30　京东无人机运输物品**

第三章

# 无人机分系统详解

作为整个系统的组成部分之一，无人机的每个分系统都至关重要。本章我们将为您详细解析无人机的机体平台、动力系统、导航与控制系统、链路系统、载荷系统以及地面站系统等六大分系统。

## 第一节　机体平台

### 多旋翼机体平台

无论在荧屏上还是现实里，我们看到的无人机往往都有一个炫酷的外表。有的是一个精美的外壳，有的是一个很“粗壮”的架子。我们称这种机壳或架子为“机体”。它被用来承载无人机的一切配件和设备，它的重量、强度、抗震性和结构布局都会直接影响整个飞行器的性能。

#### 轴距的定义

轴距是表示机体平台尺寸大小的一个参数，它的定义是两个对角电机轴之间的距离。如果一个机架的轴距是450毫米，我们就可以叫它“450”。

图3.01　一体化成型碳纤维机体

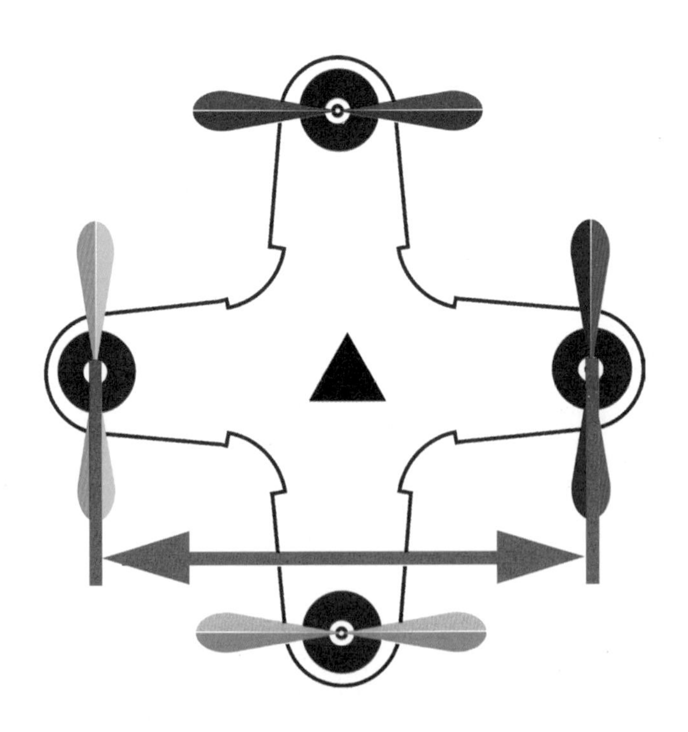

图3.02　轴距

## 按螺旋桨布局分类

按照无人机的螺旋桨布局，主流多旋翼机型可以分成十字型和X型两种。另外同轴双桨型机型也比较热门，在此简单介绍一下。

### 十字型

这种布局的优点在于控制算法简单，飞机进行俯仰、横滚运动时只需要改变两个螺旋桨的转速即可。缺点是需要大马力运动时，对个别电机压力过大。

**图3.03　十字型机体**

### X型

这种布局的优点在于飞机在运动中均衡地平摊了各个电机的压力。同时，由于每次改变飞行姿态时都是所有电机同时变速，也使得飞机的响应速度更快。缺点是控制算法比十字型略复杂。

**图3.04　珠海羽人的X型植保无人机**

**图3.05 同轴双桨型多旋翼无人机**

## 同轴双桨型

大多数情况下，多旋翼无人机的一个轴只会装有一套电机和螺旋桨，但也有一些机型为了提高最大载重量而将两套电机和桨装在同一轴上，这种情况常见于农业植保机。

这种设计使飞机的爆发力更足、响应性更好，同时提升了最大载重。缺点是同一轴的上下两个螺旋桨产生的气流会互相干扰，降低效率。无人机的这种布局会使其效率降低15%至20%。

## 机架式平台与一体化平台

按照平台的最终呈现形式，我们可以把机体平台分为两类：机架式平台和一体化平台。

### 机架式平台

这种机体平台是由碳纤维板、碳纤维管以及金属连接件组合而成的。

这种机体平台的优点在于当出现摔机事故时，可以通过更换局部碳板或碳杆进行修复。另一个优点是无须花费昂贵的模具费

**图3.06 机架式平台**

**图3.07 碳纤维加树脂的一体化平台**

用，只需对碳板和碳管进行简单的机加工，就可以实现量产。缺点是电子设备都裸露在外面，线路容易发生磨损，而且遇到小雨容易短路。

## 一体化平台

一体化平台按原料分为两种，一种是碳纤维加树脂，另一种是塑料加化纤。

第一种机体以碳纤维为主，辅以树脂等材料，通过特殊工艺固化成型。这种材料的机体可以用价格相对低廉的玻璃钢模具制造，也可以利用金属模具制造。玻璃钢模具虽然造价低廉，但使用寿命短，精度也相对较低。

第二种塑料机体必须使用金属模具注塑而成，因为塑料作为原材料，形态都是颗粒状，必须首先通过高温熔化。这种机体看

**图3.08 塑料加化纤的一体化平台**

起来更美观，但在重量、强度等方面不如碳纤维机体，因此多用于消费级无人机或玩具。

# 固定翼机体平台

相较于多旋翼无人机，固定翼无人机的机体平台显得更加丰富多彩。不同的气动外形和结构布局会造就不同特性的飞机。以下是各种机体的不同分类：

## 按气动布局分类

固定翼无人机机体平台的常见气动布局有常规布局、鸭式布局、无尾布局等三种。

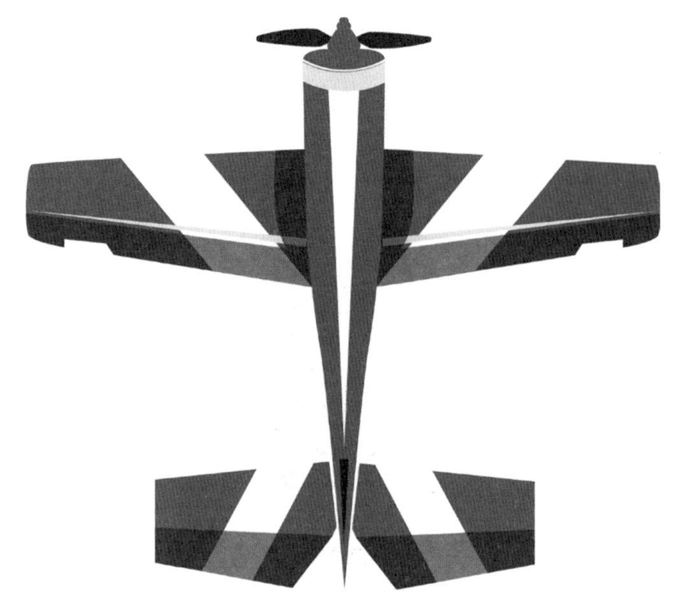

图3.09 常规布局无人机

### 常规布局无人机

常规布局是现今航空领域应用最为广泛的一种气动布局，空气动力效率最高。飞机可以实现大载重或者高速、高机动飞行。因其气动外形设计的成熟性和优秀的综合性而被大多数飞机设计方案采用，是运输机、战斗机、无人机等最常见的使用机种。

### 鸭式布局无人机

大多数常规布局无人机的水平尾翼呈负升力状态，而鸭式布局无人机与常规布局无人机不同，它的前鸭翼在飞行时产生向上的正升力，从而提高了全机整体升力面积。在做近耦合鸭翼设计方案时，如飞机需做如上仰、小半径盘旋等高强度的机动性动作时，鸭翼可以产生有效涡流，从而改善主翼的气流流场状况，使

图3.10 鸭式布局无人机

飞机增大失速迎角。因此在同等条件下，鸭式布局的飞机比传统布局的飞机具有更好的机动性。此外，由于鸭翼的作用，鸭式布局无人机还可以提高短距离起降能力。鸭翼设计的最大好处是很少会像常规布局无人机那样，因为迎角过大而失速。缺点是因为有不易失速的优点，俯仰安定性不如常规布局。

### 无尾布局无人机

这是理论上气动效率最高的气动布局。由于其本身容易实现翼身融合设计的特性，其所受阻力会大大降低。通俗地说，由于全机都是升力面，其翼载荷（指飞机重量与机翼面积之比）与常规布局的相比会小很多，因此，在理想条件下，飞机巡航效率和燃油效率都会更高。无尾布局是隐形战机最为青睐的气动布局，其雷达反射

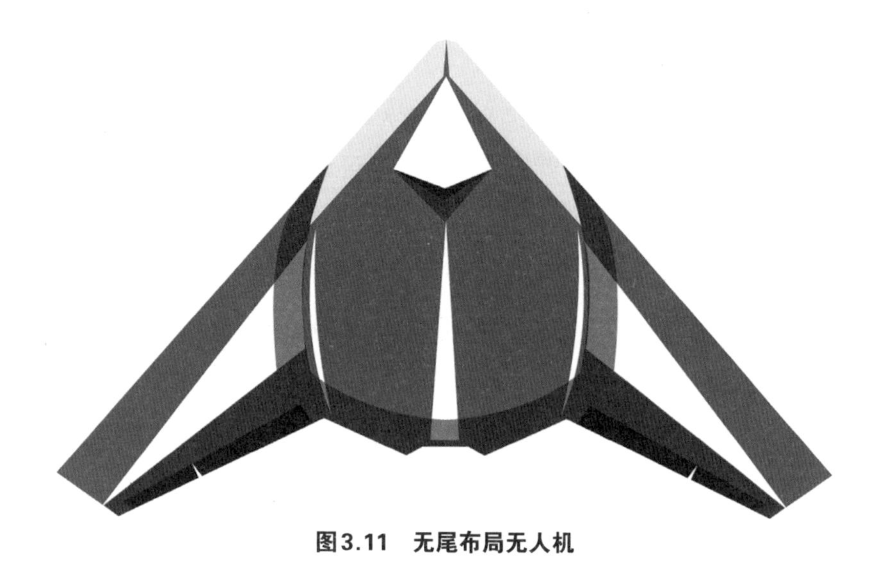

图3.11 无尾布局无人机

面极小，这与其简洁的气动外形有直接关系。缺点是控制难度大。但随着现代飞控技术的进步，这个缺点已经被大大改善。

## 按机翼掠角分类

按照机翼掠角分类，固定翼无人机的机体平台可分为平直翼、后掠翼、前掠翼三种。

### 平直翼无人机

平直翼一般指后掠角小于20度，且平面形状呈矩形、梯形或半椭圆形的机翼，是中低速无人机中最常见的机翼形状。平直形机翼的优点是结构简单、易于制造、相较于同样展弦比的后掠翼拥有更大的升力系数和效率。在现有的常规布局无人机中，绝大部分都采用了平直翼的设计。（见图3.09常规布局无人机）

## 后掠翼无人机

后掠翼指机翼前缘和后缘均后掠的机翼，适用于高速飞机。与平直机翼相比，后掠翼的气动特点是可增大机翼的临界马赫数，并减小超音速飞行时的阻力。在低速情况下，机翼后掠能增加一部分横侧安定性，使飞机易于操控。后掠机翼常出现在无尾布局无人机（飞翼）上。在常规飞机设计时，后掠翼飞机的过度横侧安定性容易导致“荷兰滚”，所以很多具有下反角。（见图3.10鸭式布局无人机和图3.11无尾布局无人机）

注：“荷兰滚”实际上是升力大于重力时，飞机有规律地大幅度摇摆机翼，从后面看就像钟摆一样，从上面看是蛇行路线。

## 前掠翼无人机

前掠翼机体布局具有机动性强、起降距离短、气动效率高等优点，但是其对结构强度和飞行控制系统要求极高。前掠翼无人机机翼获得的升力远远大于机翼面积相同的后掠翼无人机，因此，前掠翼无人机可以适当减小机翼，以减轻重量。但缺点是容易产生气动发散，因此很少有无人机使用这种布局。

图3.12　前掠翼无人机

## 按机翼与机身相对位置分类

按照机翼与机身相对位置分类，固定翼无人机的机体平台可分为上单翼、中单翼和下单翼三种。

### 上单翼无人机

上单翼机体布局的优点是重心低、稳定性好，易于在恶劣的跑道环境中起降。常用于机翼整体可拆的无人机。机翼拆掉后方便检修与维护机舱内部。设备舱的图像设备也方便布置于无人机的气动中心处，以便更换不同设备，同时机翼整体所受的阻力也低。

**图3.13 上单翼无人机**

### 中单翼/下单翼无人机

中单翼/下单翼机体布局的优点是滚转灵活，起落架布置在机翼下表面，伸出长度短。但是中央翼盒会占据一部分机舱设备空间，不太适用于无人机。这两种布局常被用于大型无人机，两者间的区别正在逐渐淡化，并且辅以一定的翼身融合设计。

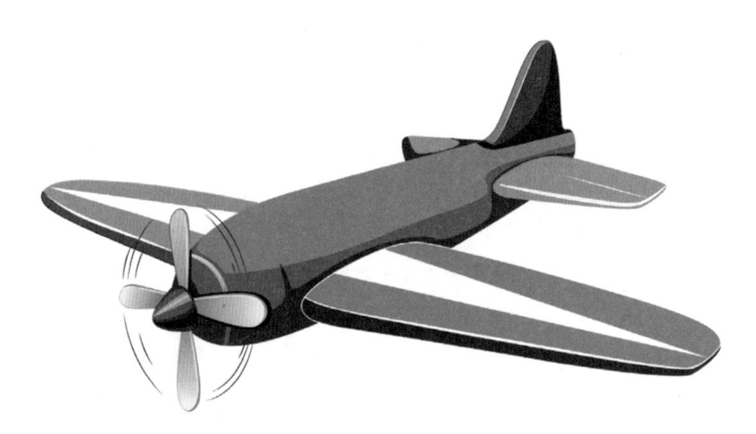

图3.14 中单翼无人机

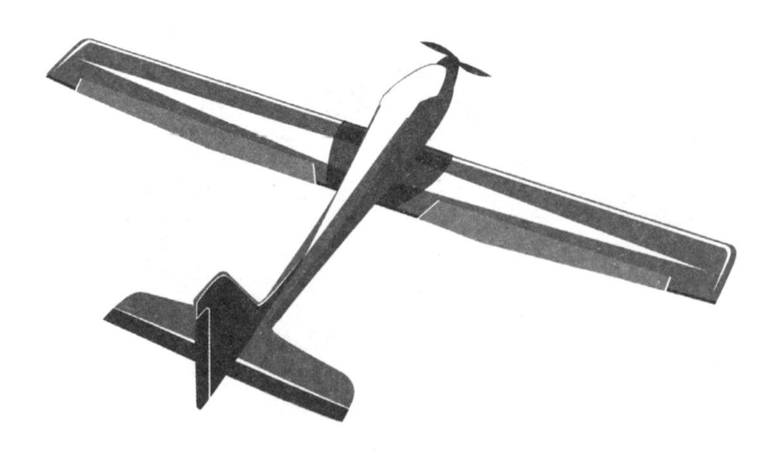

图3.15 下单翼无人机

## 按垂尾分类

固定翼无人机机体平台常见的垂尾类型有单垂尾、双垂尾、V型尾翼等三种。除此之外还有倒V尾等类型。

### 单垂尾

单垂尾在无人机上被广泛采用，它的结构重量最轻。

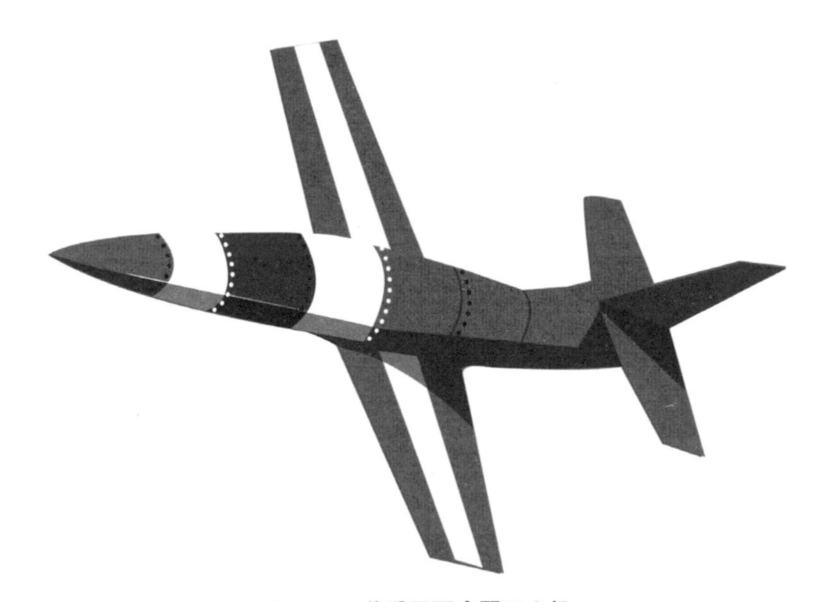

**图3.16 单垂尾固定翼无人机**

### 双垂尾

如果机身宽，单垂尾在大迎角的时候容易被机身屏蔽，又不能无限大地增加垂尾的面积和高度，因此很容易进入螺旋状态。将双垂尾放在机身两侧，不容易被机身遮挡，所以双垂尾比单垂

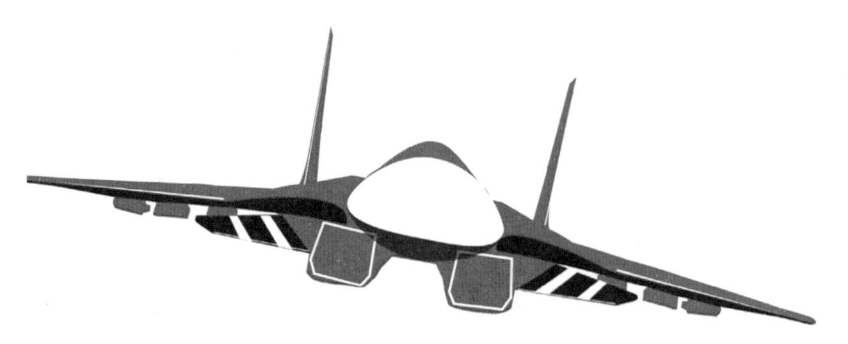

图3.17 双垂尾固定翼无人机

尾稳定性好。但是双垂尾结构复杂，会使机体重量增加，而且垂尾和平尾之间会有干扰阻力，将降低总体效率。有些近代飞机采用双垂尾向外侧倾斜或者向内侧倾斜的设计，大多数是为了隐身，有些则出于气动或者结构上的特殊要求。

### V型尾翼

这种机型在提供相应的航向静稳定性的同时，把连接重量也做到了最优，它既可发挥垂尾的作用，也可发挥平尾的作用，尾翼间干扰阻力小，隐身性能好，但是需要混控，方向舵和升降舵的控制不能独立。

图3.18 V型尾固定翼无人机

## 按起落架类型分类

起落架是支撑整架飞机的部件。现有的无人机大多使用前三点、后三点以及自行车式起落架。其中“前三点”与“后三点”中的“三”指的都是第三个支撑点（滑轮），“前三点”指的是“第三点”在另外两点前方；“后三点”则指在另外两点后方。

### 前三点式起落架

无人机使用最多的就是前三点式起落架。前轮在机头处，两个主轮左右对称地安装在重心稍后处，用来承受飞机主要重量和冲击。这种机型靠前轮舵机控制无人机在起飞滑跑和降落滑跑过程中的方向，起飞时滑跑方向稳定，着陆时不容易出现“拿大顶”现象（翻车现象）。

**图3.19　前三点式起落架**

### 后三点式起落架

早期的螺旋桨飞机广泛使用后三点式起落架，两个主轮在无人机重心稍靠前处，尾轮远离重心，分布在无人机尾部。缺点是地面转弯不够灵活，降落时无人机容易发生“拿大顶”“跳跃”等问题。

图3.20　后三点式起落架

### 自行车式起落架

前轮和主轮安装在机身下面，分别位于重心的前后，为了防止无人机滑行转弯时倾倒，通常还会在左右机翼处各安装一个辅助轮。目前采用这种起落架的无人机很少见。

图3.21　自行车式起落架

# 垂直起降机体平台

垂直起降型机体分为两种：可倾转型和不可倾转型。下图为深圳埃游科技的丑小鸭可倾转型垂直起降无人机。

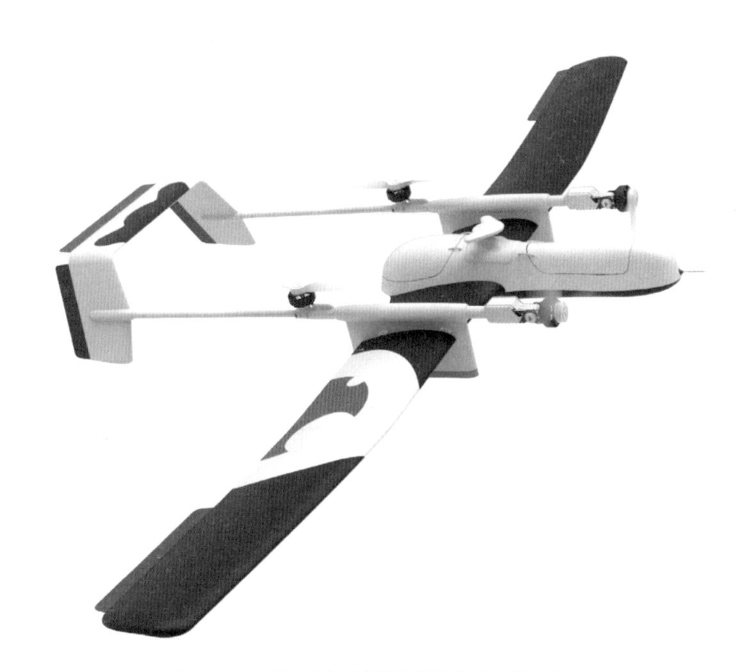

图3.22 丑小鸭可倾转型垂直起降无人机

图3.23 丑小鸭可倾转型垂直起降无人机

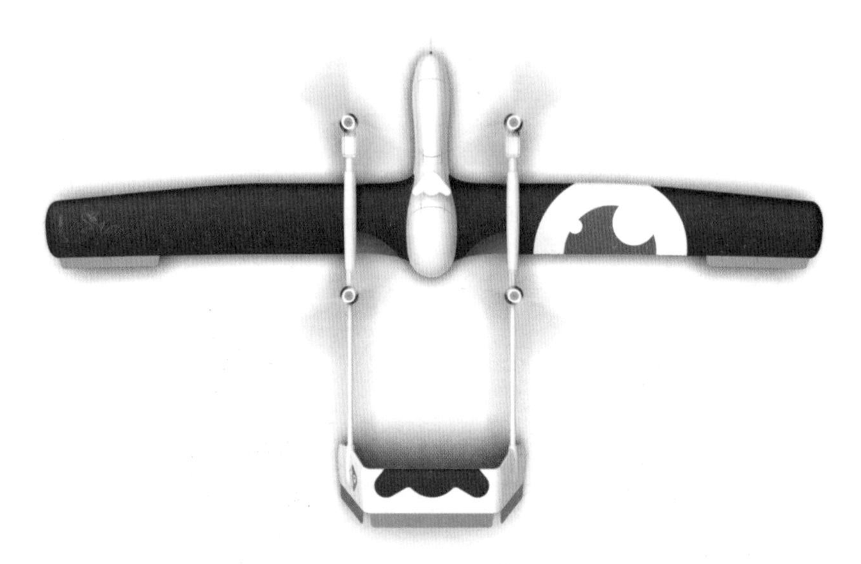

图3.24　丑小鸭可倾转型垂直起降无人机

下图为远度科技的不可倾转型垂直起降无人机。

图3.25　远度科技不可倾转型垂直起降无人机

# 第二节　动力系统

## 电　池

电池是无人机动力系统中储存并释放能量的部分。无人机使用的动力电池，大多数为锂聚合物电池。相较于其他类似的电池，锂聚合物电池具有较高的能量密度，同时具有良好的放电特性。

图3.26　动力电池

### 电压(V)

锂聚合物电池由若干片电芯串联而成，其中每片电芯的满电电压为4.2V，额定电压为3.7V。如果我们看到一块电池的标签上标注“6S”，这就意味着它由6片电芯串联而成(S代表serial)，那么它的满电电压就是25.2V，额定电压是22.2V。有时由于内阻变大，一些旧电池即使充满电，电压也无法达到25.2V。现在市场上也可以见到一些高压锂电池，这种电池单片满电电压可以达到4.35V。

我们可以通过观察电压来判断电池的电量。当电压达到最大电压时，电池是满电量状态的，此时如果继续长时间充电，会对电池造成损害，我们称之为“过充”；当电压过低时，如果继续放电，也会对电池造成损害，我们称之为“过放”。过充会导致电池燃烧、爆炸，过放会导致电池鼓包。

## 容量（mAh）

容量表示电池在安全状态下可以释放的最大电量，一般用单位mAh表示。所谓的“安全状态”，是指不发生过放的状态。我们可以这么理解：一块容量为8500mAh的电池如果以8500mA（8.5A）的电流放电，可以放电一个小时；如果以17000mA放电，可以放电半小时。这里需要说明，一块6S的8500mAh电池和一块4S的8500mAh电池所储存的能量是不同的。虽然两块电池都能在8.5A的电流下放电一小时，但是6S的电池在22.2V的电压下放电，而4S的电池在14.8V的电压下放电，因此二者总容量是不同的，所释放的能量自然也就不同。

表示一块电池所含能量多少的单位是Wh（瓦时），Wh=Ah×U，U代表电压。有些交通工具会对旅客所携带电池的能量进行限制，例如飞机上禁止携带超过160Wh的电池。

图3.27　锂电池的容量

## 最大放电倍率（C）

最大放电倍率代表了电池在安全状态下的最大持续放电能力。一块8500mAh、25C的电池，最大放电电流就是8500（mA）× 25（倍）=212500mA（即212.5A）。

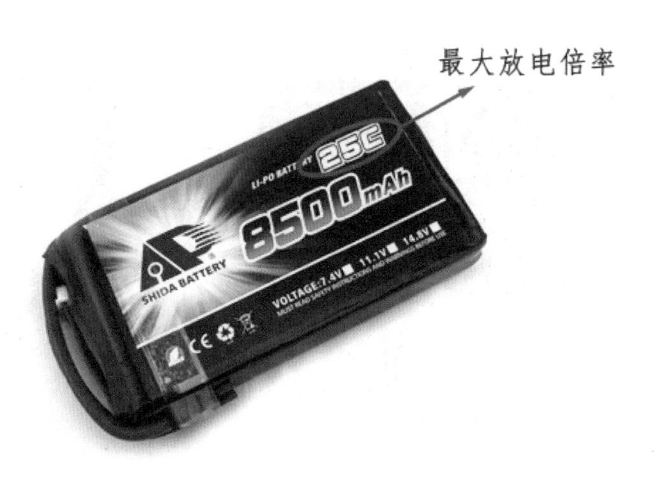


图3.28　锂电池的最大放电倍率

需要说明的是，此项参数并不一定越大越好，它与电池的容量是相互矛盾的两个参数。同一品牌，相同电压、相同质量下的电池，最大放电倍率越小，容量越大，反之亦然。

## 电池的充电

为锂电池充电通常使用平衡充电器。平衡充电器自带的智能充电系统会自动调节电池各个电芯的充电电流，使得各电芯之间最大限度地保持一致性。

电池的充电分为两个阶段：第一阶段充电器将会按照人工设定的电流持续对电池充电。在此过程中，充电电流不变，电池的电压持续增加，因此我们把这一阶段称作“恒流充电”。当第一

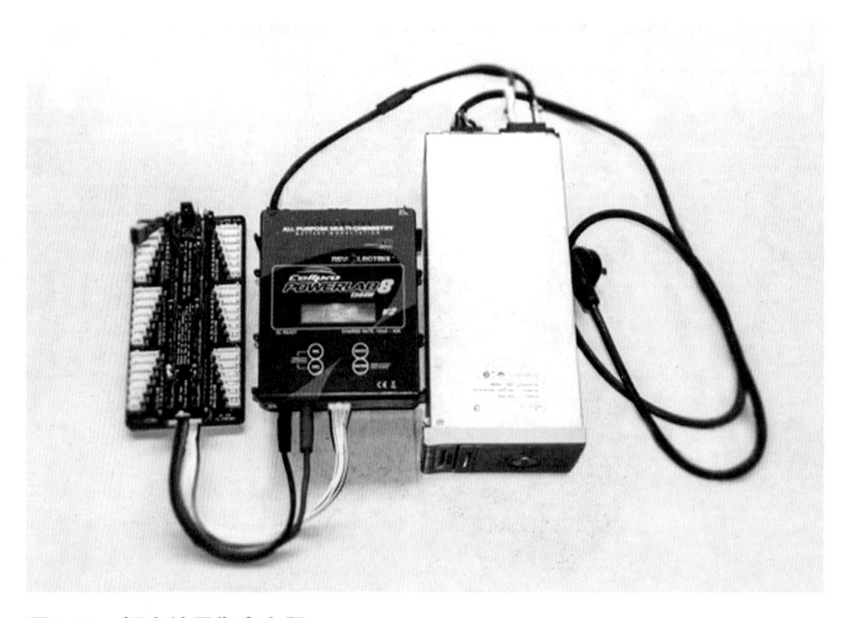


**图3.29　锂电池平衡充电器**

阶段中电池的电压达到最大值时，充电进入第二阶段。此时电池的电压虽然已经达到最大值，但是并不代表电量已经充满。充电器会继续对电池充电，在此过程中，电池的电压不变，充电电流持续降低，因此我们把这一阶段称作“恒压充电”。当第二阶段中充电电流降低到接近0A时，充电完成。

## 电池的储存

电池的性能从出厂开始就不断衰退。一块放置了半年的电池与一块规格相同、刚刚出厂的电池相比，品质一定会有所不及。想要尽可能地延长电池的使用寿命，必须以科学的方法储存电池。科学的储存电压是3.7V至3.8V，而不是满电储存。如果电池是满电状态，可以使用平衡充电器的DisCharge功能对电池进行放电。

另外，尽可能将电池存放在低温处，这样也会利于电池的储存。如果条件有限无法储存于低温处，也一定要避免将电池存放在高温处。

## 电池的保护板

锂电池的保护板可以被理解成一种智能管理模块，它可以保护电池免受过充、过放的损害。然而，我们在为无人机选择动力电池的时候，要注意尽量不要选择那些带保护板的电池。因为当电池放电接近电量极限的时候，保护板会自动切断电路以阻止电池继续放电。此时在空中失去了电源的无人机结局如何可想而知。如果选择没有保护板的电池，那么电池将会在极限状态下继续供

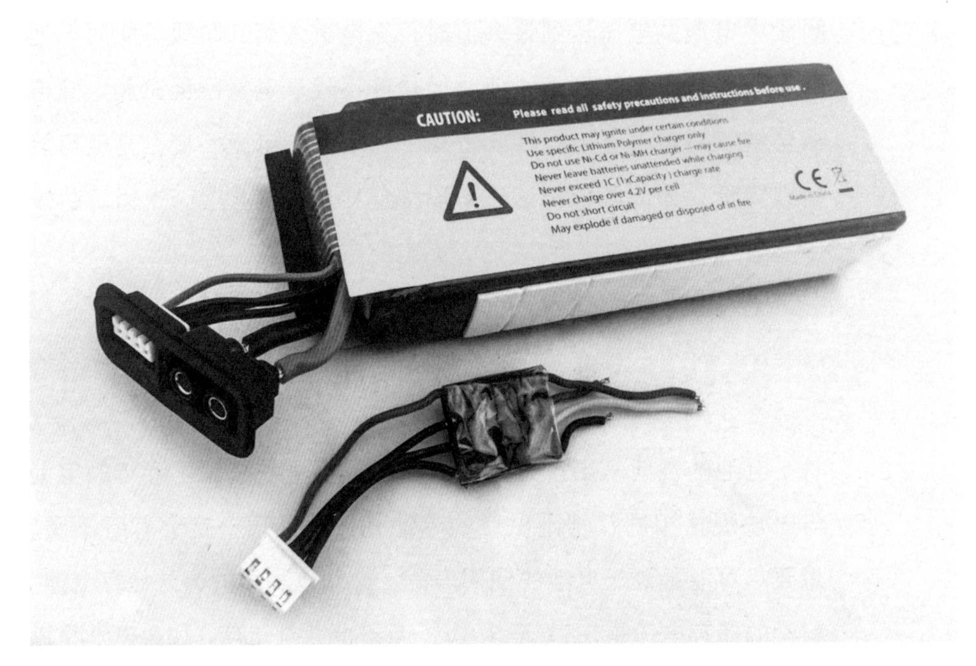


**图3.30 锂聚合物电池和它的保护板**

电。这样的结果是，电池也许最终会因过放受到损害，但增加了那一点点航时的无人机将获得安全着陆的机会。

## 有“个”性的18650

与锂聚合物电池相比，18650出现得更早。这种圆柱形电池的规格最早是由日本SONY公司规定的。18650的含义是其底面直径为18毫米、长度为65毫米，0则代表圆柱体。这种电池属于锂离子电池而不属于锂聚合物电池。但与可以随意定型的锂离子电池不同，它的“个头”是被固定好的，只能通过串、并联组合成不同规格的电池。

这种电池的优势在于其生产工艺比较成熟、安全系数高、寿命长、能量密度高，同时由于规格较为统一，因此电芯之间的一致性非常好。

与锂聚合物电池相比，18650的性能毫不逊色，但需要注意的是，其放电截止电压非常低。通俗地说，就是18650电池能放出的电量与同规格的锂聚合物电池相比往往只多不少，但是在它作用于最低工作电压较高的电器时，很有可能出现这种情况：18650的电压在放电过程中低于该电器，导致电器中止工作，而此时18650的电量还没有放完。

打个比方，我们使用一块6S的18650电池作为多旋翼无人机的动力电池，当电池电压下降到19.8V（单颗3.3V）的时候，由于电压低于电机的工作电压，飞机下坠。而此时，18650的电量还没有放完。

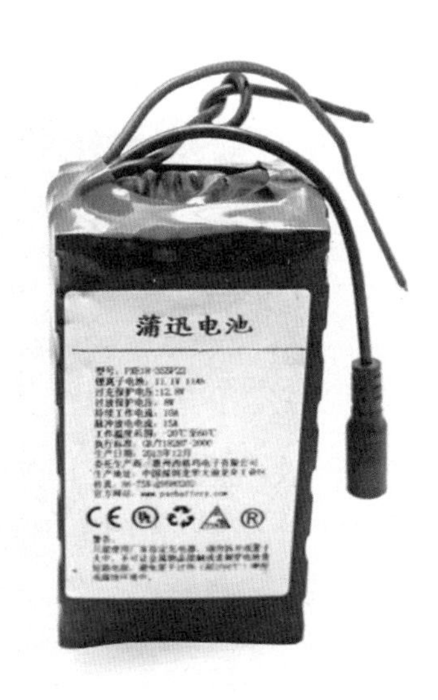

**图3.31　18650电芯**　　**图3.32　组装成型后的18650电池**

因此，18650电池被当作无人机动力电池使用时，更多用于工作电压较低的固定翼无人机和小型多旋翼无人机。

此外，你完全无须担心正规厂家生产的18650电芯的品质和安全性，因为这种电芯已经被特斯拉（电动汽车生产商）大批量应用。

### 氢燃料电池

随着能源技术的发展，近些年一种新型电池走进了人们的视线——氢燃料电池。氢燃料电池的学名叫质子交换膜燃料电池，是用特定的燃料——氢气，通过质子交换膜和催化层而产生电流的一种装置。只要外界源源不断地供应燃料，比如氢气，这种电池就可以持续提供电能。

这种电池可以将无人机、汽车等产品的航程效率提高很多倍，并且已经在日本等国得到大规模应用。

**图3.33　上海攀业氢能源科技有限公司自主研发的基于轻量化石墨的空冷燃料电池**

# 电 机

电机是无人机动力系统中重要的组成部分，它是直接将电能转化为机械能的部件。无刷电机技术的不断成熟也是无人机行业兴起的重要技术基础。与有刷电机相比，无刷电机具有效率高、寿命长等优势。无人机上应用的往往是外转子电机。比发动机更有优势的是，无刷电机基本不需要定时保养。

图3.34 无刷电机

## 规格命名

无刷电机的规格命名以电机定子的大小为依据，通常是一个四位数字。数字的前两位是定子的直径，后两位是定子的高度（不包括轴承的高度），单位是毫米。例如，4108规格的电机，定子的直径是41毫米，定子的高度是8毫米。需要注意，规格命名是参照定子的尺寸，而非外转子的尺寸。有些电机厂将外转子的尺寸作为命名依据，这是不科学的，会造成被命名的规格偏大于电机的实际规格。

**图3.35　无刷电机的定子和转子**

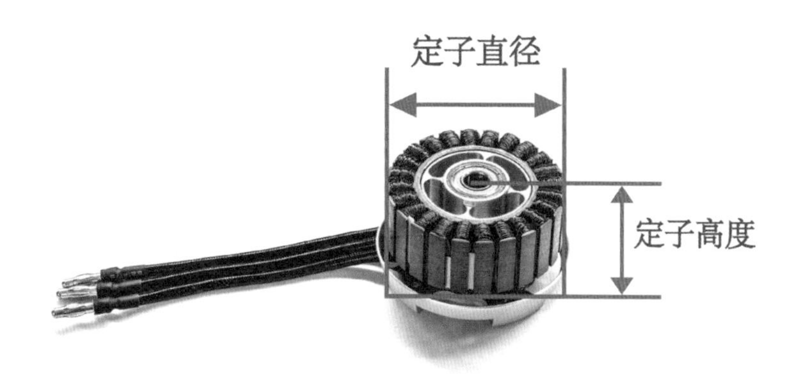


图3.36 定子的尺寸

## KV值

KV值代表电机在单位电压下的转速。KV值乘以电压等于电机的空转速度（每分钟转的圈数）。例如，给一个KV值900的电机

图3.37 KV值

加上12V的电压，那么，此电机一分钟空转的圈数=KV值×电压=900×12=10800圈。

由上文可知，KV值越大，电机的转速越快。但是电机的转速越快，扭力也相应越小。

一般来说，同等功率下,KV值越小的电机个头越大，反之亦然。

## 螺旋桨

在无人机的动力系统中，螺旋桨是将机械能转化为飞机升力的部件。螺旋桨一般采用碳纤维、尼龙塑料或木头作为原材料。螺旋桨自身的效率以及与电机的匹配度会在很大程度上影响无人机的航时和速度。

从宏观上讲，旋转的螺旋桨会对下方的空气产生一个作用力，

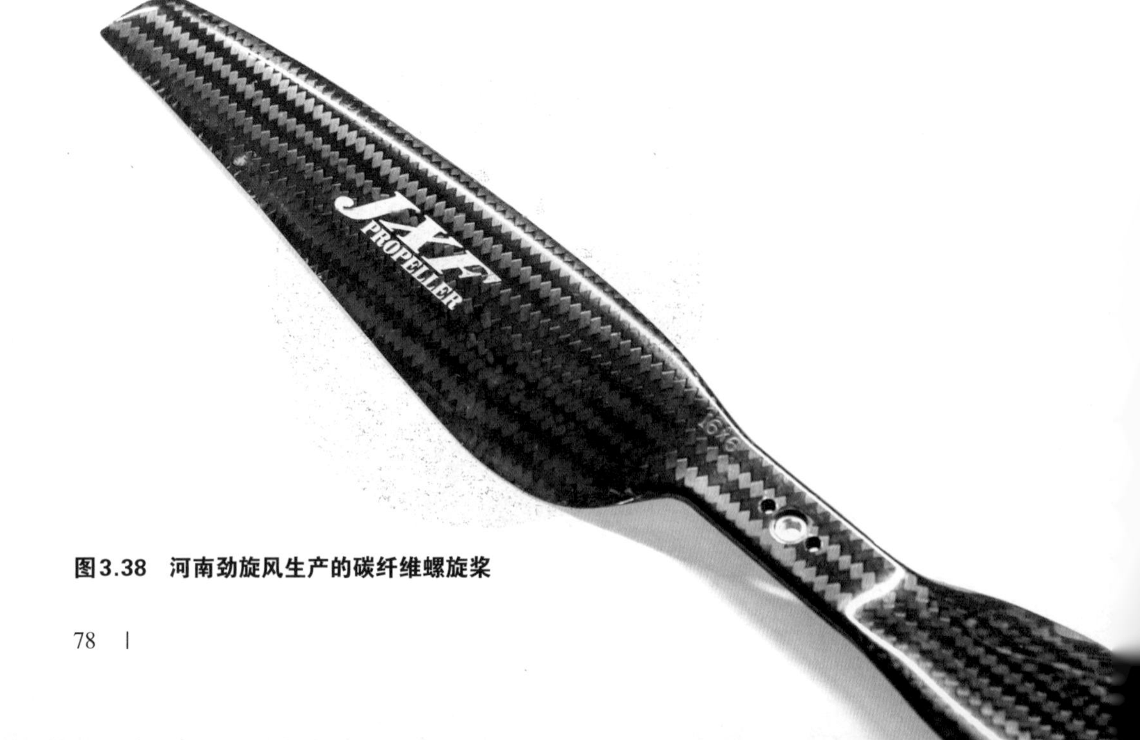


**图3.38　河南劲旋风生产的碳纤维螺旋桨**

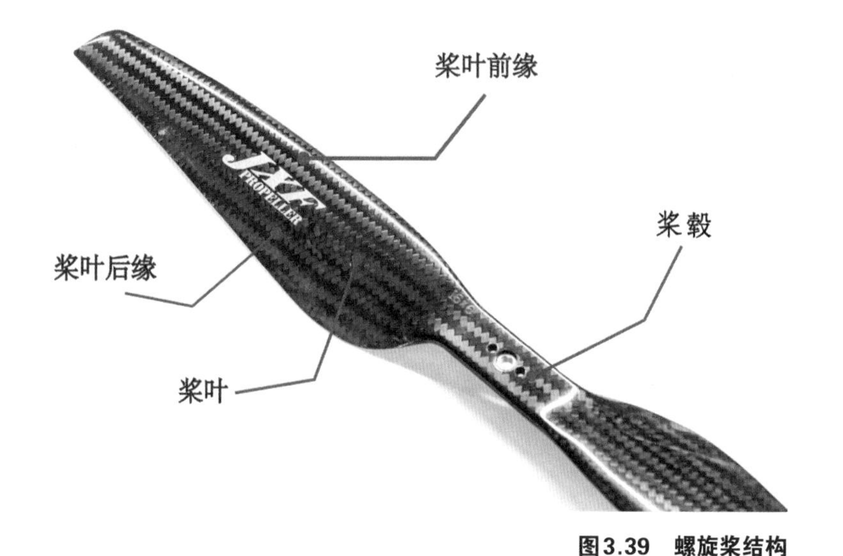


图3.39　螺旋桨结构

从而受到来自空气的向上的反作用力，这个反作用力就是升力。

从另一个角度，我们也可以将螺旋桨看成一支机翼，这支不停运动的机翼由于“伯努利定理”而得到升力。关于“伯努利定理”的内容，我们将在第四章讲到。

上图为螺旋桨的组成部分：桨毂、桨叶、桨叶前缘、桨叶后缘。

## 规格命名

螺旋桨采用4个数字表示规格，其中前两位是螺旋桨的直径，后两位是螺旋桨的螺距。例如：1045规格螺旋桨的直径为10英寸，而螺距为4.5英寸。这里需要注意，尽管命名规则和电机类似，但此处单位是英寸。

## 螺旋桨的直径

螺旋桨的直径直接决定了螺旋桨桨盘的有效作用面积，因此，往往直径越大的螺旋桨效率越高。

## 螺距的定义

螺距的定义如下：假设螺旋桨在一种不能流动的介质中旋转，那么螺旋桨每转一圈，就会前进一个距离，我们将这个距离称为

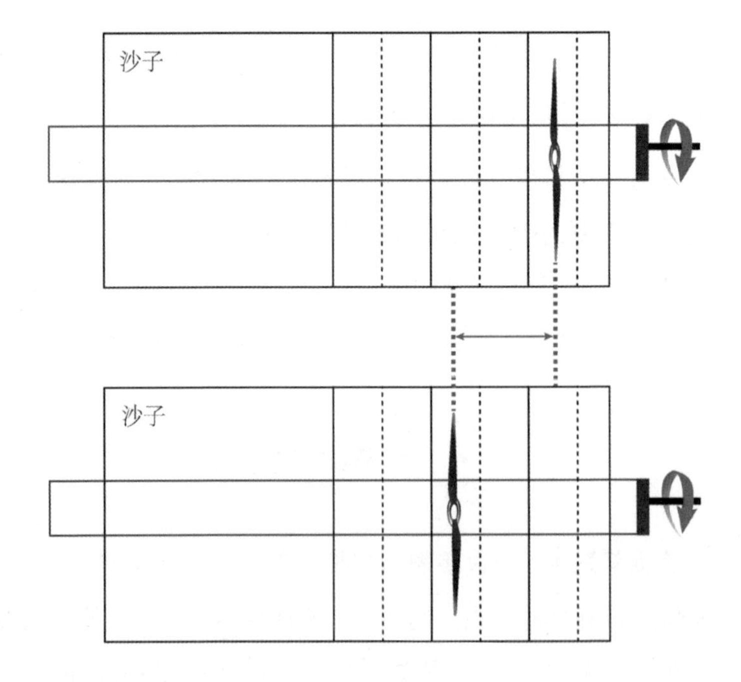


**图3.40　螺距**

“螺距”。如图3.40所示，螺旋桨在沙子中旋转后会前进一段距离。

显然，桨叶与旋转平面的角度越大，螺距越大。如果桨叶与旋转平面的角度为0，那么螺距也为0。

我们可以通过提高螺距的方法来提高无人机的速度，但这同时会增加电机的负担。

## 桨叶数量与效率的关系

理论上，对于一架无人机而言，螺旋桨的桨叶越少，其效率越高。同样，螺旋桨数量越少的旋翼机效率越高。例如，轴距相近、电池规格以及起飞重量相同的四旋翼和六旋翼无人机相比，四旋翼的航时一定长于六旋翼。

在早期的航模竞赛中，经常可以见到单叶螺旋桨，这是模友们为了追求最高效率而制作的：在桨毂一侧有一支桨叶，另一侧则为了配重。这种单叶桨由于配重调平需要耗费大量时间，所以无法量产，至今几乎绝迹了。

图3.42这种多桨叶螺旋桨虽然牺牲了效率，但是可以输出更多动力，即提高了最大动力输出能力。

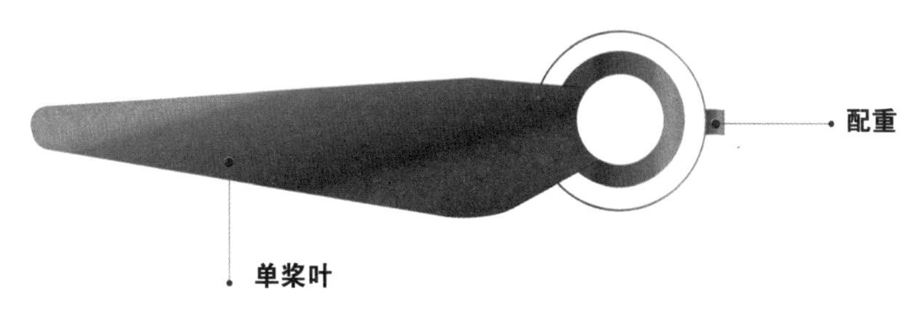


**图3.41 单叶螺旋桨**

**图3.42　河南劲旋风设计并生产的木制多叶螺旋桨**

# 电机和螺旋桨的匹配与检测

## 匹配原则

无人机动力系统的效率不仅由电机和螺旋桨的设计决定，还由他们的匹配程度决定。因此，电机和螺旋桨的匹配一定要合理。

打个比方，小马拉大车会累死，大马拉小车会浪费劳动力。同样，这种现象也存在于电机与螺旋桨的匹配中。前文已经讲过，同等功率条件下，电机的KV值越高，转速越快，扭力越小；电机

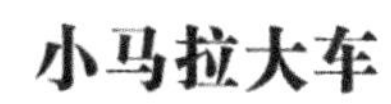

图3.43

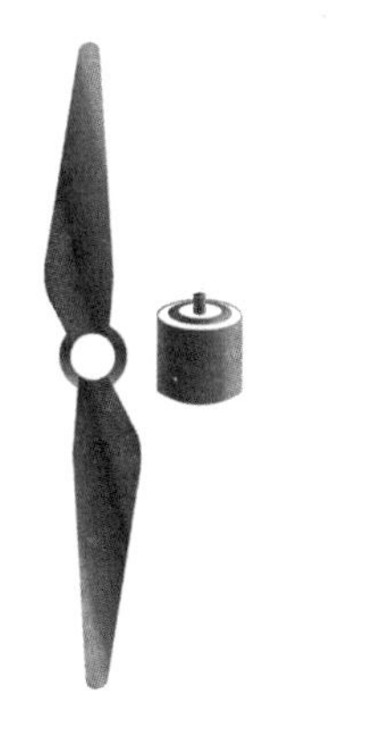

图3.44

的KV值越低，转速越慢，扭力越大。众所周知，尺寸大的螺旋桨需要配备大扭力来驱动。如果尺寸较大的螺旋桨匹配了KV值较高的小电机，那么有可能导致电机烧毁；如果尺寸较小的螺旋桨匹配了KV值较低的大电机，那么会导致螺旋桨转速过慢，从而无法提供足够的升力。

图3.44中的两个组合都是不合理的。

那么，我们该如何匹配电机与螺旋桨呢？一般来说，工业级和军用级无人机都需要严格的测试流程和专业的测试手段；至于消费级无人机，我们按照厂家推荐的标准去匹配就可以了。当然，厂家推荐的并不一定是最优的。打个比方：我们使用散件自己组装了一架450四旋翼无人机，采用KV值1100的电机匹配9英寸螺旋桨，可以实现正常飞行；如果我们把电机换成KV值1000的，9英寸桨换成10英寸桨，也可以实现正常飞行；甚至采用KV值900的电机匹配11英寸桨，这也是没有问题的。至于哪个动力配置最优，就需要大家自己去尝试了。

## 测试方法

为方便起见，下文我们将电机和螺旋桨称作“动力组”。那么，如何测试哪个动力组的效率最高呢？我们可以利用推拉力测试仪测试动力组的配置效果。

图3.45、图3.46、图3.47为推拉力测试仪，它可以在不同电压下测出动力组的拉力，并且可以查看动力组在此状态下流经电机的电流。当我们测试两个动力组时，相同拉力下电流更小或相同电流下拉力更大的那组效率更高。同时，通过对处于不同拉力

下电流数据的记录，我们还可以估算出不同起飞重量下无人机的航时，从而更科学地分配载荷重量。

图3.45　推拉力测试仪

图3.46　推拉力测试仪

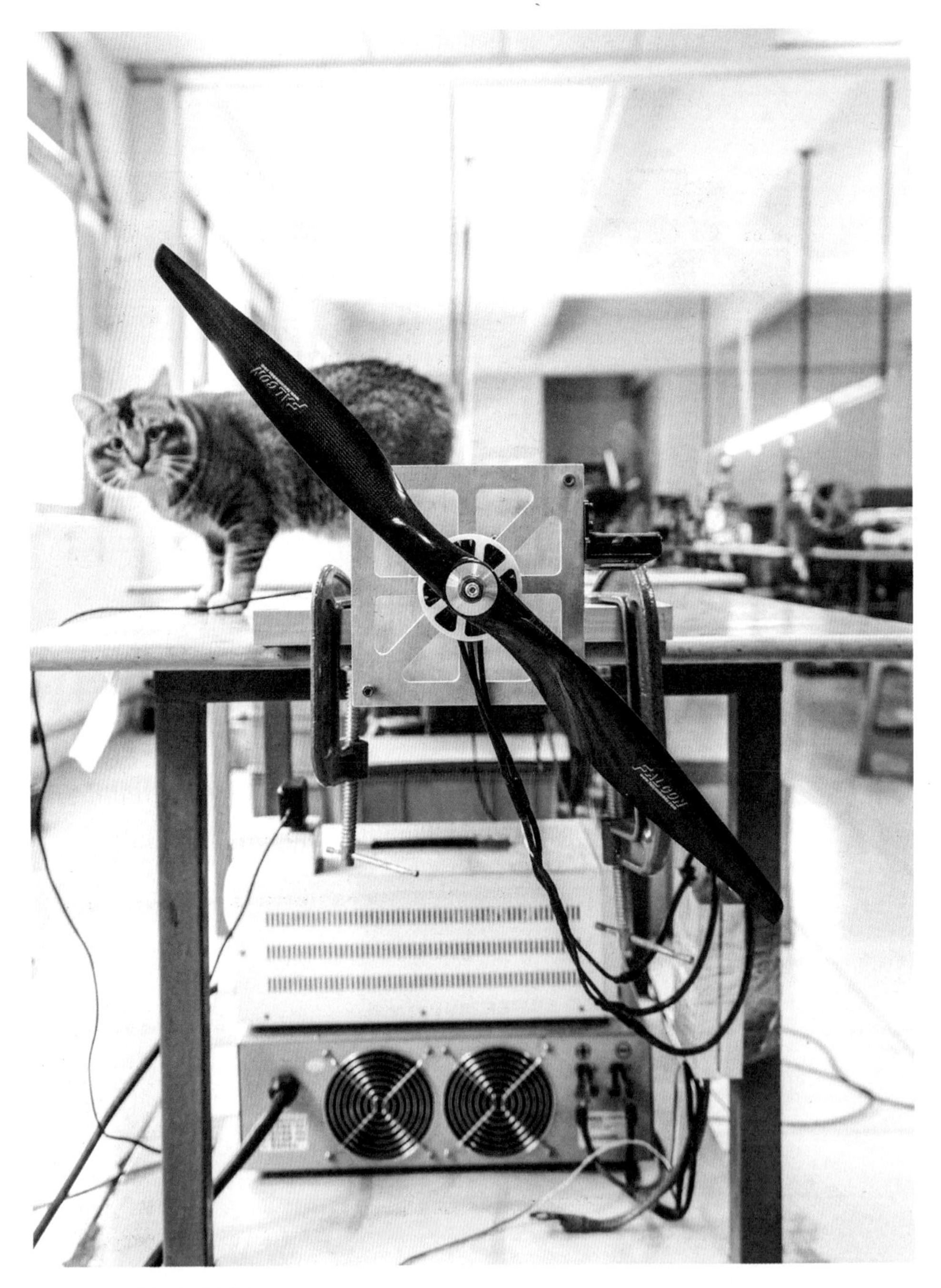

**图3.47　推拉力测试仪**

# 电 调

电调的全称是“电子调速器”，在动力系统中有两个作用：一是给电机供电，二是控制电机转速。

与玩具飞机不同，多旋翼无人机工作时流经电机的电流很大，不能通过飞控直接供电，所以往往需要通过电调给电机供电。

电调接收并分析来自飞控的信号，然后通过将直流电转换为特定脉冲交流电的方式来控制电机的转速。

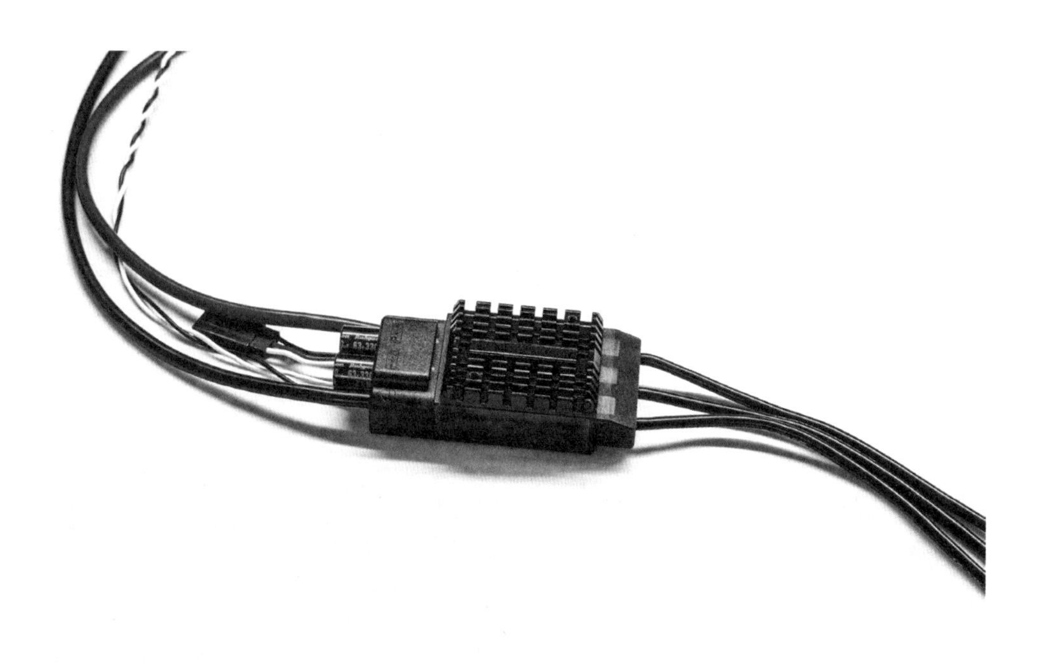

图3.48 无刷电调

## 最大电流

电调的标牌上会有一个工作电流，如20A、30A等。这是电调的最大持续工作电流，如果持续超过这个电流，电调将被烧坏。多旋翼无人机在高速运动或悬停在大风环境下时，瞬间工作电流通常会大大增加。因此，我们在价格、结构空间等条件允许的情况下，应该尽量选择大于常规工作电流若干倍规格的电调。

# 发动机

这是固定翼无人机特有的部件。小型固定翼无人机上使用的油动发动机多为往复活塞发动机。这种发动机价格合理，维修保养比较方便，相较转子发动机和涡轮、涡桨发动机，这种发动机有着较高的普及率。

## 结　构

往复式活塞发动机主要由气缸、气缸盖、活塞、活塞环、连杆、曲轴、气门、火花塞等部分组成，它利用一个曲柄连杆机构将活塞的往复直线运动转换为曲轴的旋转运动，带动螺旋桨转动。活塞式发动机属于内燃机，它通过燃料在气缸内的燃烧，将热能转化为机械能。其中，气缸与气缸盖、活塞、连杆等多为全铝铸造而成，再在其内部镀一层铬，用于强化缸体与提升耐磨度。活塞环、火花塞等易损部件需要定期更换。

## 活塞式发动机的优、缺点

相较于电动机，活塞式发动机燃烧做功的氧气来自环境，能量密度大。随着油料的消耗，飞机变轻，性能进一步提升。而电动飞机随着电量的消耗，性能逐渐下降，也不能依赖空气产生热能。因此，长航时小型无人机应该主要采用活塞发动机。

## 多旋翼无人机航时的计算

前文介绍了测试动力组（电机和螺旋桨）的方法，那么在测试过程中，我们可以通过记录数据得到类似下表的一张表格。如果没有测试工具，也可以查阅所购买电机的数据表，一般电机销售商都会配有数据表。

根据下表提供的数据信息，再结合飞机的情况，我们便可以计算出飞机的航时。

首先，我们要确定无人机的起飞重量。要注意，不是空机重量，而是起飞重量，即无人机在飞行过程中要承载的所有重量，

**表3.01　动力系统测试数据表**

| 规格 | KV | 桨(JXF) | 电压 | 电流 A | 拉力 kg | 功率 W | 力效 g/W |
|---|---|---|---|---|---|---|---|
| KY 4108 | 370 | 15x5 | 22.2 | 2.1 | 0.53 | 46.62 | 11.37 |
| | | | | 3.5 | 0.8 | 77.7 | 10.3 |
| | | | | 4 | 0.85 | 88.8 | 9.57 |
| | | | | 6.6 | 1.2 | 146.52 | 8.19 |
| | | | | 9.7 | 1.55 | 215.34 | 7.2 |
| | | | | 13.7 | 2 | 304.14 | 6.57 |
| | | | | 15.7 | 2.2 | 348.54 | 6.31 |

包括电池、载荷和电台等。确定起飞重量后，要确定使用几轴无人机。一般来讲，轴数越多效率越低，但是载重能力会略有增加。此处假设我们使用四轴无人机，起飞重量3.2千克，那就是说每个轴需要承担0.8千克的拉力，才能使飞机保持悬停状态。根据上表可以查到，当每个轴产生0.8千克的拉力时，单轴的电流是3.5A，那么无人机总的电流就是3.5A乘以4，也就是14A。前文已经解释过电池容量的含义，那么假设我们采用的是10Ah、6S的电池，并且无人机始终保持悬停状态，可以算出电池可持续工作的时间为0.71（10除以14）小时，约等于42分钟。当然，这是比较理想的一个数值，没有考虑飞机起降过程、运动过程和抗风等因素额外消耗的电量，于是为了保险起见，我们可以再乘以一个安全系数0.8，得出34分钟。这就是估算出来的续航时间。

切记，这只是理论值，实际续航时间还和许多因素有关，如电池的状态、当时的风力、温湿度以及海拔高度等。

## 多旋翼无人机航时的提升

航时是无人机重要的性能指标之一，航时越长，意味着无人机执行任务的时间越充分。而航时在很大程度上是由无人机的动力系统和机体布局决定的。下面我们来探讨一个很重要的问题：如何让一架多旋翼无人机飞得尽可能久。

### 动力系统的最优配置

一架无人机无论是被设计出来，还是被直接山寨出来，首先要确定的是机体尺寸。设计者们一定清楚这架飞机的用途，自然也就可以明确它的尺寸（模仿者们自不必说了）。有了飞机机体的尺寸，我们可以进一步确定螺旋桨的尺寸。

前文已经讲过，直径越大的螺旋桨，效率越高。因此我们在机体允许的情况下，应当尽可能地选择大桨。大桨，意味着要匹配KV值低的大电机。如果设计出的无人机即将用于工业或军事用途，那么这样一套电机和桨的搭配，还需要使用前文提到的检测设备进行力效测试，然后从中选择最优方案；如果仅仅是为娱乐，要考虑成本，那么就没必要进行测试，按照经验来匹配即可。

确定螺旋桨和电机后，接下来要选择电池。电池可输出的总能量是固定的，所以我们需要尽量降低损耗。我们知道，在任何一件电器上，都存在热损耗。对于电池来说，在放电过程中的主要损耗也是热损耗。电池工作期间的功率可以用以下公式表示：

$$P=P_1+I^2R$$

其中，$P_1$是有效功率，$I^2R$是转化成热能的损耗部分。可以看到，电流（也就是I）越小，热损耗也就越小，而电流与电压的关系为：

$$P=I\times U$$

由公式可知，电池的电压越高，电流相应地也就越小。因此，我们应当在飞机电子设备能承受的范围内尽量选择高电压的电池，这样可以降低动力系统的损耗，从而确保最高效率。

## 电池电芯的一致性

前文已经提到，锂电池都是由电芯组成的，下图中的电池就是由4片电芯串联而成。

当然，其中每一片电芯的容量、内阻和自放电率都会有细微的差别。（注：电池在自然放置的状态下会自行放电，这种特性叫“自放电”，自放电的快慢和自放电率有关。）专业的电池厂会将同一批电芯编号，并将其容量、内阻等资料录入数据库，然后将这批电芯充电至相同电压后放置若干天，使其发生自放电，并测量其放电后电压。电压越接近的电芯，其自放电率越相近。完成上述工作后，厂家会在这批电芯中选择各方面性能一致性较高的

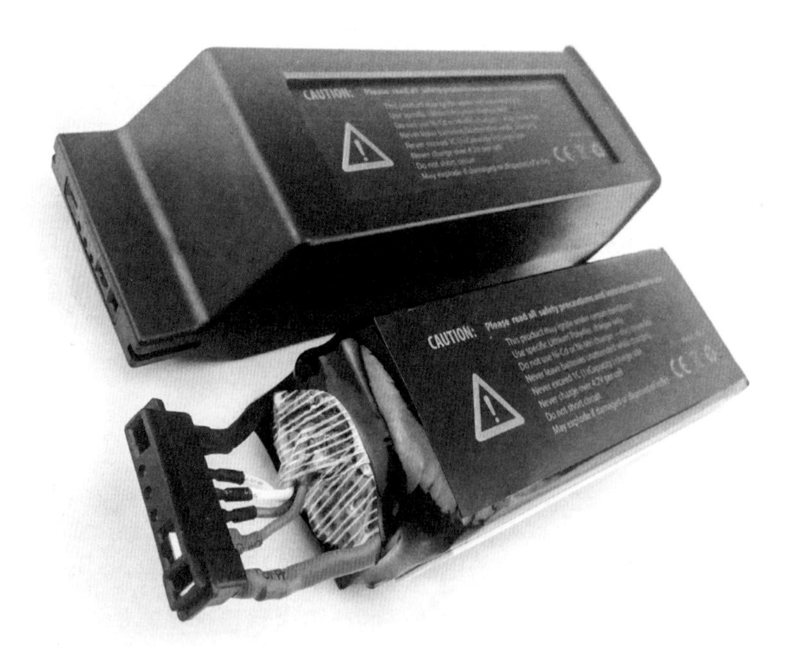


**图3.49　电池的电芯**

电芯匹配在一起组成电池。

电芯一致性高的电池可以在很长的周期内保持较好的性能。相反，电芯一致性不好的电池就像一个有短板的水桶，会因为一个缺口而影响整个电池的性能。

## 电机和螺旋桨的一致性

在无人机系统中，电机和螺旋桨的一致性也十分重要。

以四旋翼为例：在无人机飞行过程中，四个电机始终处在相同电压下，如果一致性很差，将导致飞机难以平衡，此时就需要自驾仪来调整电机转速以维持平衡，这样会造成电能的浪费。

电机外转子标识上写的KV值往往只是设计值，实际的KV值或多或少会有误差。专业的电机厂在电机出厂前，都会对KV值进行检测。如果误差超过一定范围，负责任的电机厂会将该电机做报废处理。

## 机体布局的合理性

四旋翼无人机是靠四个轴的拉力飞行的。如果机体的布局不合理，重心就会偏离机体的几何中心。这样在飞行过程中，无人机自驾仪为了保持飞机的平衡，就会不断地命令四个电机中的一到两个加速，这将导致个别机臂电流过大，从而造成电能的浪费。

因此，我们在设计布局的时候一定要注意，尽量将飞机的重心保持在几何中心附近。

## 小　结

综合上述几条，我们可以得出结论：如果想设计一款相对长航时的多旋翼无人机，需要注意以下几点：

- **选择电机和螺旋桨的最优配置；**
- **选择电芯一致性好的、能量密度高的高品质电池；**
- **选择一致性好的、效率高的螺旋桨和电机；**
- **机体布局设计要合理，确保飞机的重心处在几何中心附近。**

# 第三节　导航与控制系统

导航与控制系统是无人机系统中必不可少的一部分。它们就像无人机的大脑、小脑和眼睛，控制系统判断应当如何对动力系统发出指令，导航系统判断飞机身处何地。

下图为上海极翼推出的K3-A飞控套装。这家成立于2014年的公司一直致力于无人机自驾仪的研发和整机方案的定制，2014年推出的招牌产品P2飞控系列一举打破了大疆对中低端飞控市场的垄断，2016年推出的农业植保飞控K3-A因其高可靠性和高智能化，在植保行业广受好评。另外，该公司研制的视觉导航模块已于2016年下半年大量投放市场，这一产品的推出也意味着极翼已经成为业内少数几个拥有该项技术的高端飞控供应商之一。

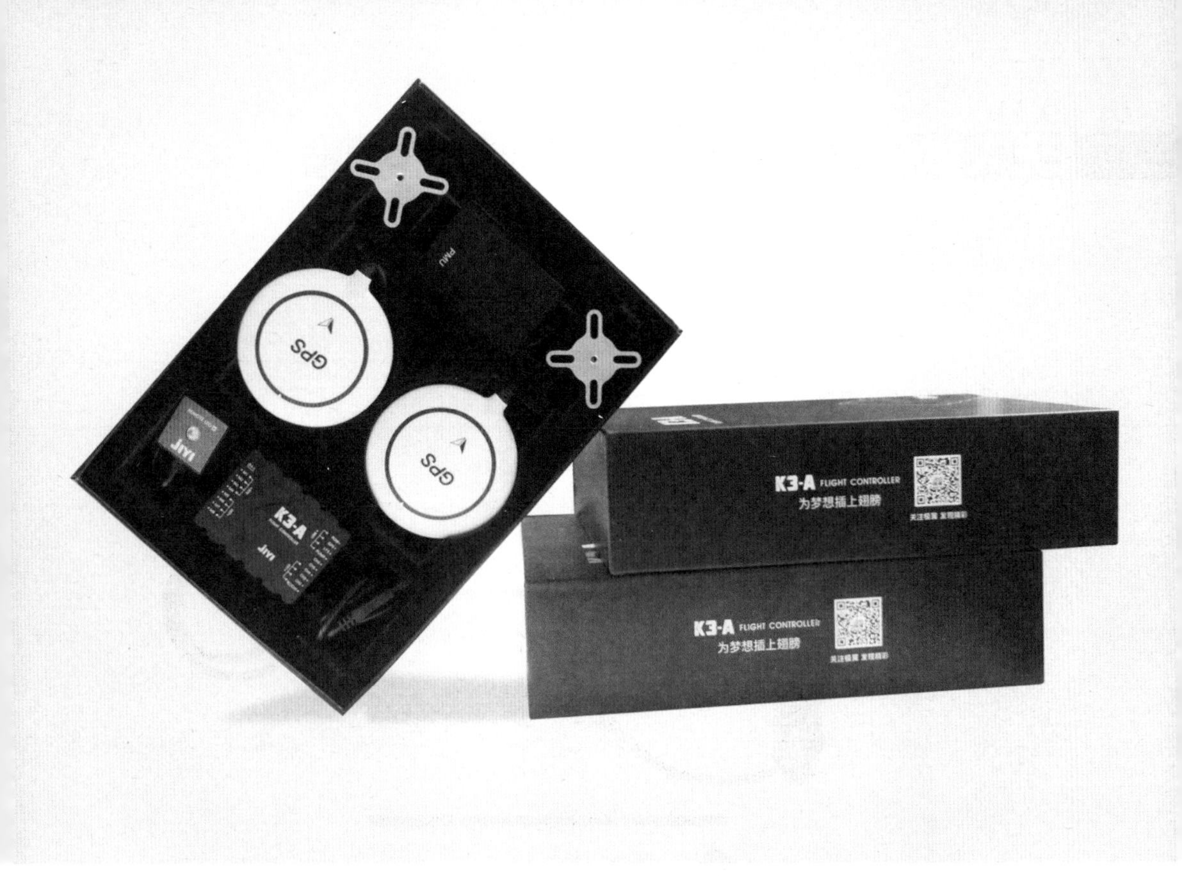


**图3.50　上海极翼推出的K3-A飞控套装**

# 控制系统

控制系统就是我们常说的自动驾驶仪，俗称“飞控”。它主要由主控和传感器组成，有的廉价飞控会将主控和传感器集成在一个小盒子或同一块电路板上。

我们经常可以看到，有些中低端飞控不具备外置传感器（如惯性测量单元IMU），而有些较高端的飞控则配备了外置传感器，这可以让它们做到更精准的姿态控制。

控制系统除了可以通过传感器和动力系统控制无人机的飞行姿态，还可以通过配合另外两个系统——导航系统与链路系统，分别起另外两个作用：定点悬停与飞行数据反馈。这两个功能在后文会有介绍。

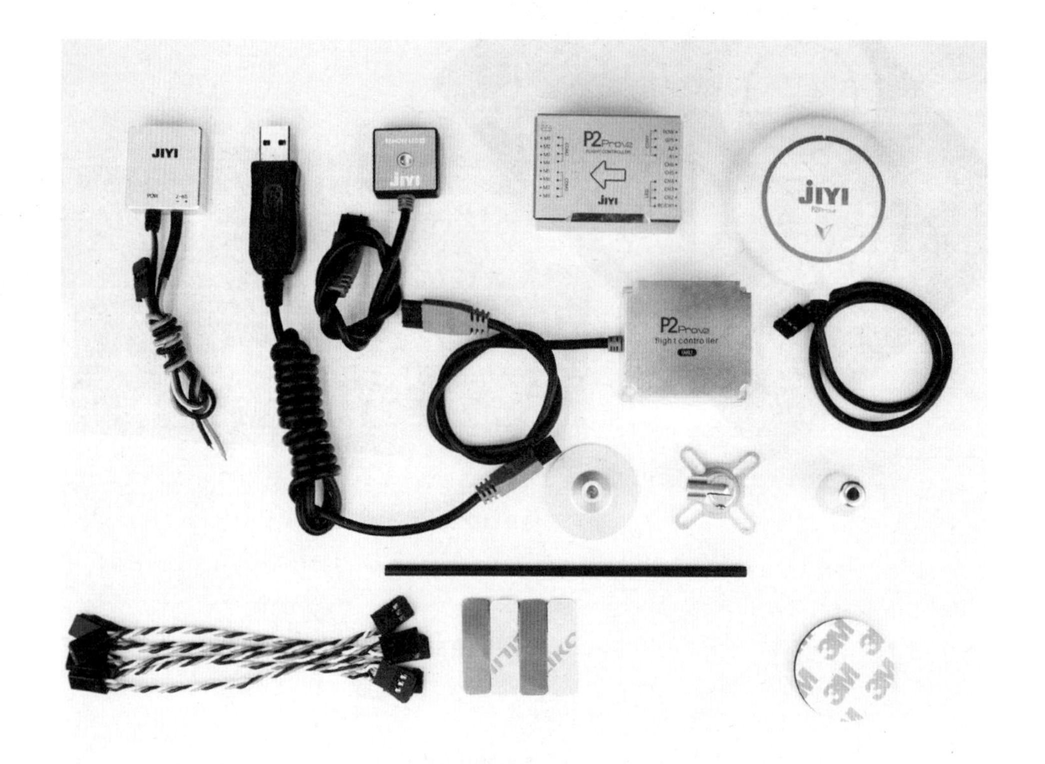


**图3.51 上海极翼推出的P2prov2飞控套装**

## 导航系统

导航是一个含义广泛的词汇，本书中提到的导航则是一个狭义的名词，专指无人机的导航系统。

传统的无人机导航系统一般基于卫星定位导航系统，无人机根据导航系统提供的卫星信号分析结果确定自身位置，从而实现定点悬停和按规划航线自主飞行的功能。目前全球应用最多的是美国的GPS系统，除此之外比较成熟的导航系统还包括中国的北斗导航系统、俄罗斯的GLONASS（格洛纳斯）和欧盟的伽利略卫星定位系统。

导航系统有三个作用：一是配合控制系统实现无人机的定点悬停功能；二是配合地面站系统实现自主航线飞行；三是向地面站发送飞机所在的实时位置。

## 无人机上的“棒棒糖”

许多无人机爱好者一定经常可以看到无人机上支起的小架子，上面架着下图所示那种看起来像“棒棒糖”的圆形模块。这个模块包含两部分：GPS模块和磁罗盘。

GPS模块的功能是确定飞机经纬度位置、海拔高度、航线与速度等信息，而磁罗盘的功能是确定磁北方向，从而确定偏航向

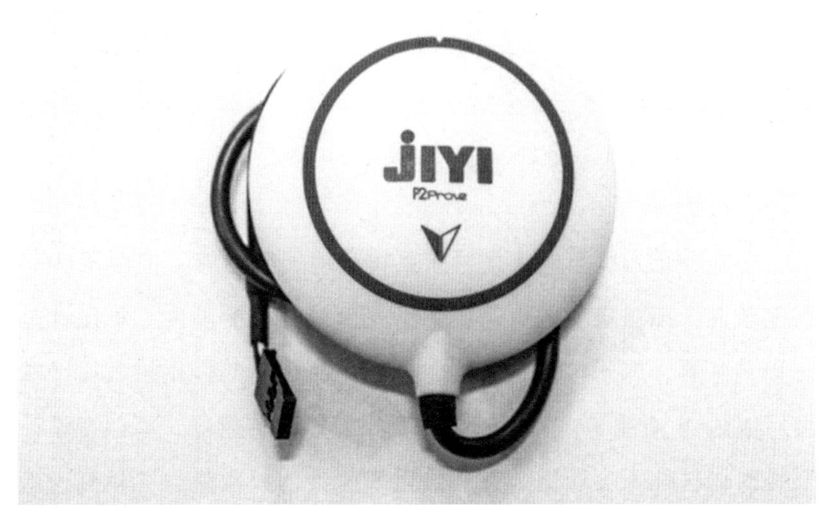


**图3.52　集成了GPS模块与外置磁罗盘的“棒棒糖”**

（机头朝向）。这两部分的功能叠加在一起，构成了无人机的导航系统。

将“棒棒糖”用小架子支起，使其远离主控和电池等带电流的部件其实是无奈之举。磁罗盘是磁敏感器件，很容易被带电流的元器件干扰，从而产生错误判断。因此许多飞机都将其安放在远离电池和其他电子设备的位置。一般飞控套装中会有两个磁罗盘，一个内置一个外置。上面讲的是外置磁罗盘，内置磁罗盘距离主控板太近，很容易受到干扰，因此大多数消费级飞控都不会使用内置磁罗盘。

在安装“棒棒糖”的时候，还需要将它上面标注的正方向与机头方向保持一致，这对于一部分粗心的爱好者来说实在是件很痛苦的事。

当然，有些飞控无须将该模块按正方向对准机头安装。这种价格昂贵的工业级飞控选用的元器件抗干扰性很强，为其内置磁罗盘就可以抵抗来自主控和电路的干扰，因此也就无须外置磁罗盘了。此时，剩下在外面的就只有“没有正方向”的GPS模块了。

## 定点悬停

多旋翼无人机可以依靠导航系统实现平面悬停，但由于GPS误差较大，在垂直方向上需要借助气压计来控制高度。气压计是一种传感器，属于控制系统的组成部分。现在的民用级气压计精度可以达到10厘米。气压计是一种很灵敏的传感器，所以在设计飞控时，往往不会让气流直接经过气压计，以避免当飞机高速运动时产生的气流干扰气压计。

**图3.53　裸露在外的气压计**

图3.53中的这种飞控装备方式很不合理。当飞机以较快速度水平运动时，裸露在外的气压计会被流经的气流干扰，导致其感知到的气压突然降低。这会使得飞控误判飞机升高，于是降低电机转速来“调整高度”。这时飞机的表现是突然掉高。这种现象如果处理不及时，就会引发飞行事故。

## 自主飞行

是否具备自主飞行能力是无人机与航模的最大区别。自主飞行是指无人机可以按照操作者事先在电子地图上规划好的航线自主巡航，而不需要操作者对其进行遥控干预。

**图3.54　地面站通过链路系统上传至无人机的航路点**

要实现这个功能，首先要满足两个条件：一、无人机自驾仪内要有规划好的航线，使用者可以在无人机起飞前用数据线对其上传航线，也可以在无人机起飞后通过数传链路对其上传航线；二、无人机必须具备精确的导航功能，通俗地说，就是无人机必须时刻知道自己在哪儿，否则是无法实现自主飞行功能的。导航系统可以帮助无人机满足第二个条件。

孩子们经常玩的遥控飞机或航模，一般由于成本原因都没有装备导航系统，因此也就不具备自主飞行功能。

熟练地掌握自主飞行的航路点设置技巧和注意事项，可以极大地提高作业效率。同时，这项功能也是无人机最为精髓的功能。

## 控制误差与导航误差

许多无人机飞控的说明书里会出现“悬停精度”这个名词。

悬停精度指的是控制误差的大小。我们可以这样定义控制误差：悬停在空中某一点的无人机，经过一段时间后，它距离初始悬停点坐标所偏离的距离。

如果某款飞控的说明书中写明：此飞控的垂直悬停精度在±0.5米，水平悬停精度在±2米。这就是说，装备了这款飞控的飞机在一个点悬停一段时间之后，在垂直方向上可能会出现一个0.5米以内的高度变化，在水平方向上可能会出现一个2米以内的位置变化。

导航误差是指由于导航系统的误差而造成的飞机在航线飞行过程中产生的与实际地理位置相偏差的距离。例如，操作者在地图上指定一个目标点，命令飞机直线飞到那个目标点。当飞机完成这段航线的飞行后，我们会发现：飞机距离真正的目标点可能会有一段距离，这就是导航误差造成的。

导航误差的大小是由导航系统本身的精度决定的，目前GPS系统的误差在10米左右。

## 视觉导航与光流定位

许多环境下，尤其在室内，我们搜索不到GPS信号，那么在这种情况下无人机还可以实现定点悬停吗？在无人机导航手段相对单一的过去，无人机在室内是无法实现定点悬停的。但近年来，随着视觉导航算法的逐步成熟，视觉定位已经被成功产品化。这种技术可以帮助导航系统在定点悬停时摆脱对GPS信号的依赖，从而实现脱GPS定位。

无人机的视觉导航是通过固定在无人机上的相机对周围环境进行图像采集，对图像进行滤波和计算，完成对自身位置的解算、对飞行环境的建图以及对要飞行区域的安全路径的规划，并作出导航决策的一种新的导航技术。将视觉导航技术应用到无人机上可以降低导航成本，同时提高导航精度，使之在完成飞行任务的同时还具有较强的抗干扰性。

这种技术的出现对于无人机在今后的推广和应用大有益处。它的意义不仅在于促进无人机在室内环境下的精准定位，更在于为遭遇GPS信号干扰的无人机增加一种定位手段，从而确保飞机不会失控摔机。这种导航手段相当于为容易受到干扰的卫星导航系统增加了一层保险。

上海极翼将光流和超声波传感器定位技术高度集成在一个独

**图3.55　上海极翼推出的光流声呐模块**

立的模块（光流声呐模块）中，结合极翼飞控的室内飞行，能让无人机实现高精度的室内定位与精准悬停。在无GPS信号的室内环境，它将自动切换成视觉定位模式，内置的光流传感器，将像素分布及颜色、亮度等信息转变为数字信号传送给图像处理系统并进行各种运算以抽取目标特征，进而根据判别结果来控制飞行器的动作；超声波传感器主要用来判别相对高度。通过高效的视觉处理器计算，无人机实现了精确的室内定位、悬停和平稳飞行。

# 第四节　链路系统

链路系统是连接地面站和飞机的唯一纽带。其核心作用有三个：一、帮助无人机接收来自地面站的指令；二、将无人机载荷系统采集的图像信息传给地面站；三、将无人机的姿态、位置、高度以及电量等信息传回地面站。

通俗地说，链路系统的工作其实就是两个电台之间的数据传递。

图3.56　链路系统工作示意图

## 数传链路

顾名思义，数传链路就是传递数据的链路。数传链路包括机载数传电台和地面数传电台。机载数传电台通过数据线与无人机的自驾仪连接，地面数传电台通过数据线与无人机地面站连接。在飞行过程中，机载数传电台会将无人机自驾仪采集到的飞机姿态、高度、电压等数据传递给地面数传电台，并显示在地面站的软件上，从而帮助无人机的使用者全面了解飞机状态；另一方面，使用者可以通过地面站来规划飞机作业的航线，并且随时通过地面数传电台上传，经由机载数传电台传至自驾仪，从而实现实时规划航线。

## 图传链路

同样，图传链路就是传递图像的链路。图传链路包括机载图传电台和地面图传电台。机载图传电台通过数据线与载荷相连接，将载荷采集到的图像传递给地面图传电台，然后通过显示屏显示出来。

图传链路和任务载荷紧密联系，它在执行任务的过程中起到很关键的作用，性能好的图传甚至可以大大提高整个无人机系统的性能。

图传链路是游离于无人机飞行器之外的一个分系统。也就是说，当图传链路出现故障时，无人机仍然可以正常飞行，但这将导致其无法完成作业任务。

图3.57为凌美芯（北京）科技有限责任公司联合上海酷芯微电子研发的无线高清数字图传模块。该模组采用了国产自主知识产权的基带芯片和RF（射频芯片）套片，拥有多项射频收发器、

**图3.57 凌美芯高清图传**

高清无线视频传输、H.264视频编/解码器技术专利。由于体积小、模块化、低功耗、低延时、超强抗干扰、支持高速移动等优点，这款产品已经被国内多家大型无人机公司认可，并被大批量使用。由该链路专供的国际知名高端消费级无人机企业已在行业内拥有大于80%的市场占有率，积累了大量行业经验。链路具有高可靠性、高稳定性、高环境适应性等特点。同时该无线图传模块也适用于安防监控、智慧城市、机器人、影视拍摄、特种巡查等领域。

为将无人机与地面站之间传统的点对点传输模式的专用数据链路改造为基于5G网络的连接和通信，同时支持各类传感器设备的接入，凌美芯自主研发了一款5G图传。这款新产品可以为无人机提供5G网络接入，通过硬件接口连接无人机，实现无人机各类数据的汇聚分发、数据编码和协议转换等，有效降低了无人机集成商、模块供应商和无人机爱好者接入5G网络的门槛。

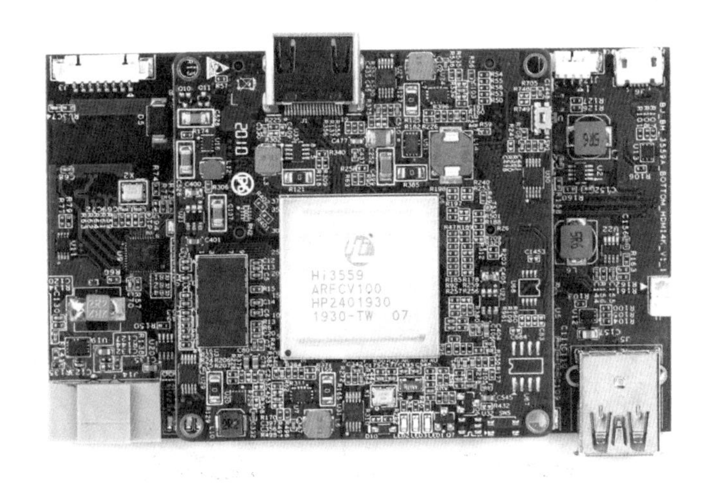


**图3.58 凌美芯5G图传**

## 遥控器

也许把遥控器分类在链路系统中会引起争议，但其实可以这样理解：遥控器是一款集成了数传电台的简易地面站，它通过摇杆的舵量向无人机发出控制信号，以此来控制无人机。遥控器分左手油门和右手油门，左手油门也叫“美国手”，右手油门也叫“日本手”。图3.59、图3.60分别为左、右手油门遥控器的通道定义。

图3.59和图3.60中的前后代表俯仰（对于多旋翼无人机来说是前进、后退），横滚代表左右横滚，偏航代表左右偏航，油门代表增加动力（对于多旋翼无人机来说是升降）。

除了两根操作杆，遥控器还带有辅助通道。它们的存在方式往往是二段或三段开关，或者旋钮。辅助通道是遥控器必不可少的一部分，它们被用来调整飞行模式和云台的角度。

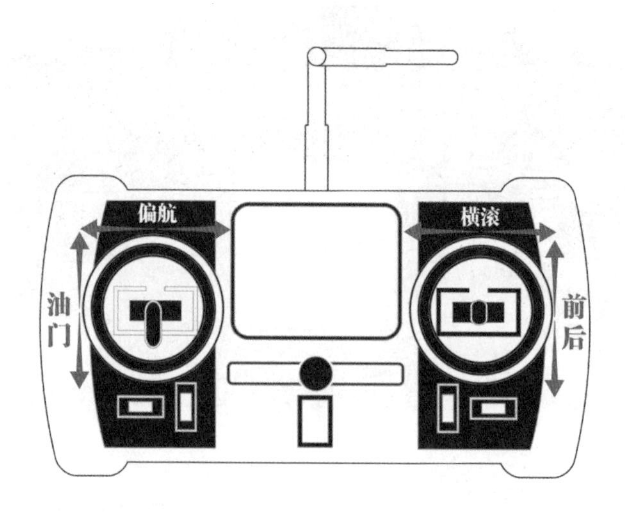


**图3.59　左手油门**

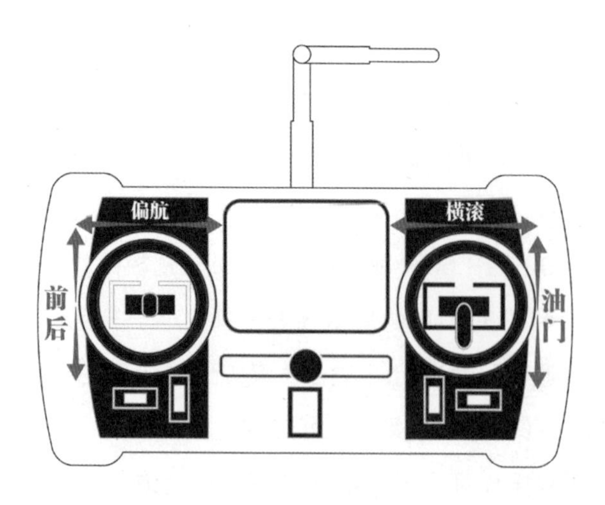


**图3.60　右手油门**

**图3.61　遥控器天线放置方式**

要注意，许多初学者喜欢将遥控器的天线掰直，实际上这种做法将会降低遥控器的有效半径。在天线中，信号最强的部分是中段，信号最弱的部分是顶端和末端。另外，信号的传播方式也是以垂直方向向四周扩散的。因此，我们在使用遥控器时不能将天线掰直。图3.61展示了遥控器天线正确和错误的放置方式。

## 无人机反制系统

近些年市场上出现了很多无人机反制设备，其原理是利用强信号干扰无人机的链路系统，使其失去与遥控器及地面电台的联系，从而被迫降落。

# 第五节　载荷系统

载荷系统是游离于飞行器之外的另一个分系统。没有载荷系统的无人机依然可以飞行，但是失去了飞行的意义。一款好的载荷能让无人机系统的性能得到升华。

## 可见光载荷

可见光载荷是最常见的一种载荷，除了常见的航拍、航测，还被广泛应用于森林防火、警用巡逻等领域。

**图3.62　可见光载荷森林防火监控**

# 红外热成像仪

红外热成像仪是一种依靠温度来成像的设备，适用于电力巡检、管道巡检、水污染监测等领域。

在电力巡检作业时，红外热成像仪可以帮助巡检员轻易分辨出因短路而产生高温的螺栓或设备。

图3.63 红外载荷森林防火监控

图3.64 红外吊舱拍摄的管道巡检图

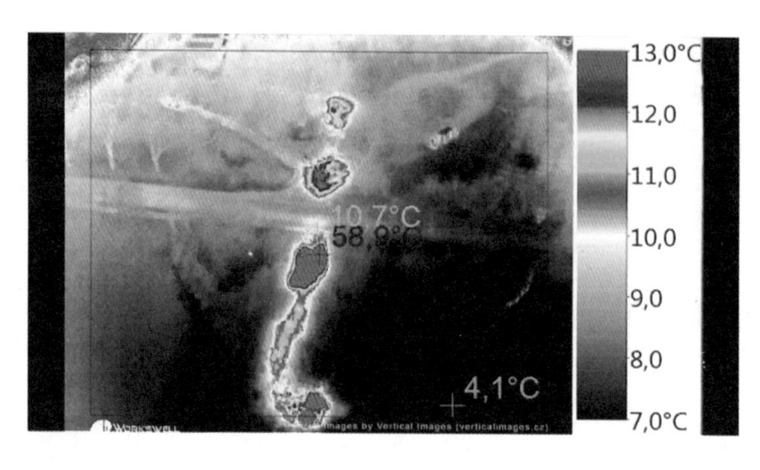


**图3.65 红外吊舱拍摄的水污染监测图**

# 智能载荷——人工智能技术与无人机的结合

随着人工智能技术的成熟，智能载荷这一伟大的发明也成功问世。融合了人工智能技术的智能载荷可以自动分辨目标及其状态，并且在需要时自动拍摄。这一技术上的进步极大地降低了无人机对飞手的要求。

**图3.66 山东超景深的智能载荷应用于电力巡检**

以电力巡检为例，从前的无人机飞手需要牢记上百个图像采集点，而当无人机搭载了山东超景深研发的智能载荷后，镜头可以实现自动对焦、自动拍照，极大地减轻了飞手的负担。

智能载荷在其他领域中也有广泛应用。图3.68为深圳优鹰研发的智能载荷在车辆监控中的应用。

图3.67　山东超景深的智能载荷应用于电力巡检

图3.68　深圳优鹰的智能载荷应用于车辆监控

# 第六节　地面站系统

地面站系统泛指地面上所有能对无人机发出指令以及接收无人机回传信息的设备。它的硬件可以是一个手机，也可以是一台笔记本电脑；软件则是与无人机自驾仪相匹配的专业软件。地面站系统不仅包含控制站，还包含图传显示屏幕。

值得一提的是，现在不少厂家将图传显示屏集成在FPV设备里，这样人们只需要戴上一个头盔或眼镜，即可享受如在云端般的第一视角飞行体验。

## 硬　件

图3.69、图3.70为深圳华之翼自主研发的工业级无人机地面站。其中工业级一体化手持地面站集成了链路系统和操作摇杆。使用者可以通过摇杆操纵无人机，也可以通过软件来规划航线使无人机进行自主飞行。

图3.69　深圳华之翼自主研发的地面站

图3.70　深圳华之翼自主研发的手持地面站

# 软 件

下面来介绍一款经典的无人机地面站软件——Mission Planner，这是一款全球流行的开源飞控软件，支持APM飞控和Pixhawk飞控，目前被广泛使用和拓展。

在该软件的航线规划界面，飞机可以自Home点起飞，按照规划好的航线自主飞行。

在各个航路点之间，还可以穿插各种指令。例如：可以使飞机围绕某一航路点以一个半径绕圈飞行。

图3.72是飞行数据实时显示栏。在这一栏，我们可以看到飞机的各种实时数据：高度、电压、偏航角、GPS星数等信息。

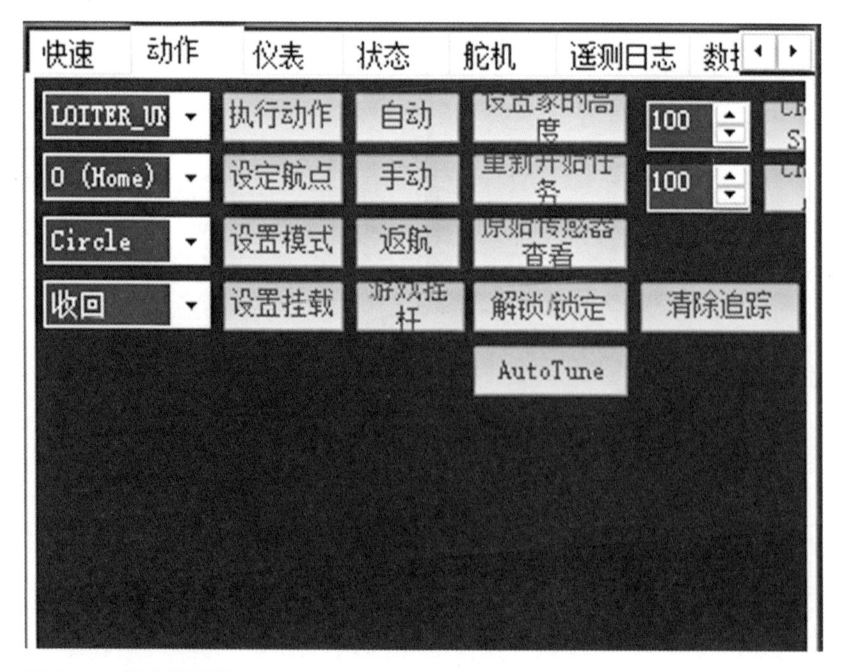


**图3.71　指令设置栏**

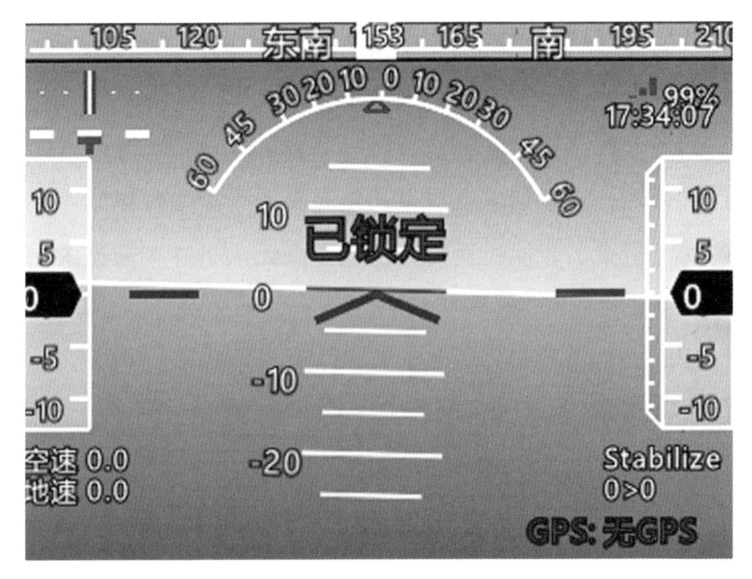


图3.72　数据显示栏

图3.73是飞行模式设置界面。在这一界面，我们可以对飞行模式进行选择、设置，并设置不同开关所对应的飞行模式。图中的简单模式即无头模式，只需要控制前后左右即可，不需要操作航向，适合初学者。

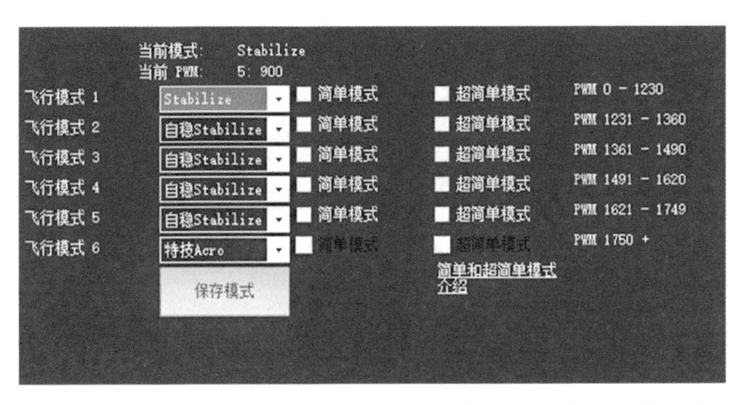


图3.73　飞行模式设置界面

# 智能机巢

无人机需要作业于各种恶劣环境中，包括一些无人区，因此自主起降、充电技术就显得格外重要。下图为蜂巢航宇自主研发的智能机巢，智能机巢可以自动起降无人机并实施自主充电，还可以在非作业时保护无人机。

**图3.74 蜂巢航宇的智能机巢**

图3.75　蜂巢航宇的智能机巢

第四章

# 无人机的飞行

无人机的飞行不仅是一项技能，更是一门艺术。即使在无人机已经“傻瓜化”程度非常高的今天，仍然有大量的摔机事故是由飞行操作不当引起的。要想熟练掌握无人机的飞行技巧，除了要花费一定时间和精力外，还需要掌握科学的训练方法。本章将为您介绍无人机的飞行原理和训练的相关内容。

## 第一节　无人机的飞行原理

不同类型无人机的飞行原理也不相同，即使是非常相近的四旋翼和六旋翼，在改变飞行姿态时采用的具体方式也是不同的。

### 多旋翼无人机的飞行原理

#### 几种飞行姿态的定义

多旋翼无人机的飞行姿态可分为五种：悬停、升降、进退、横滚、偏航。下图分别展示了进退、横滚、偏航三种飞行姿态。

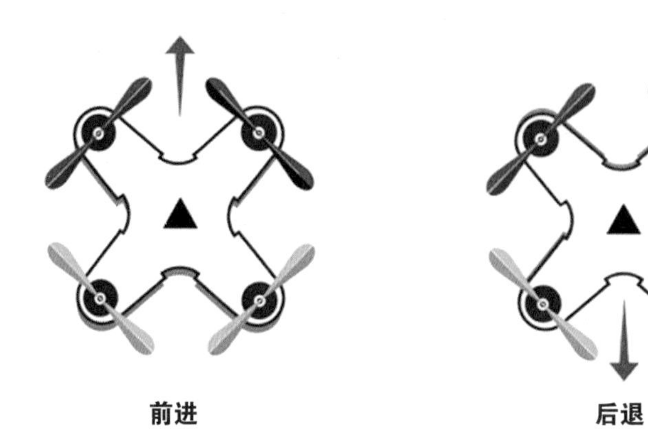

前进　　后退

图4.01　前进、后退

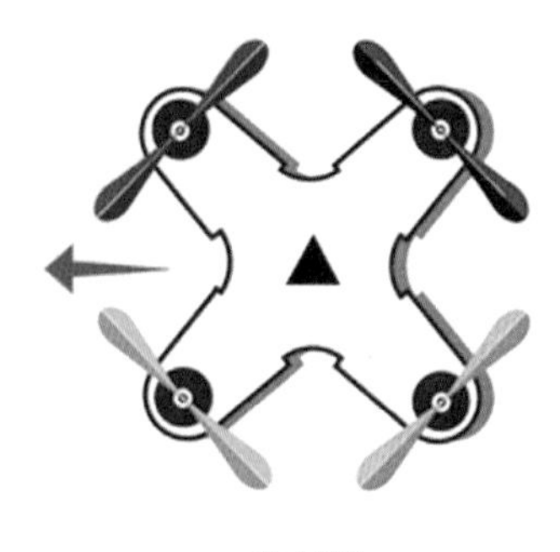

左横滚

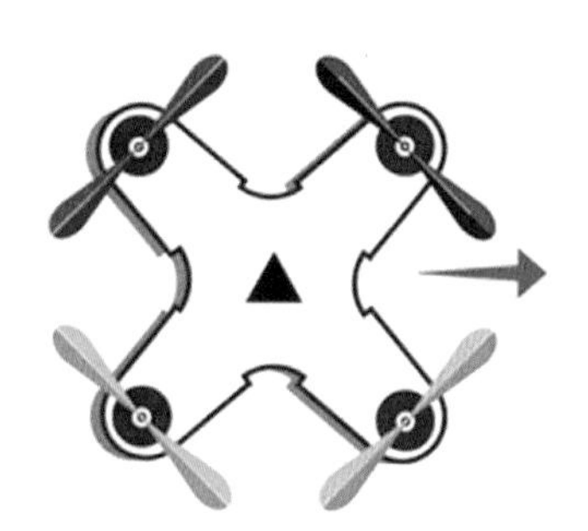

右横滚

图4.02　左、右横滚

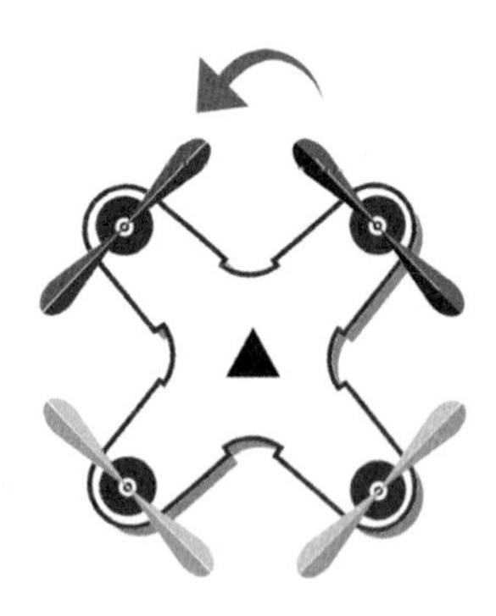

左偏航

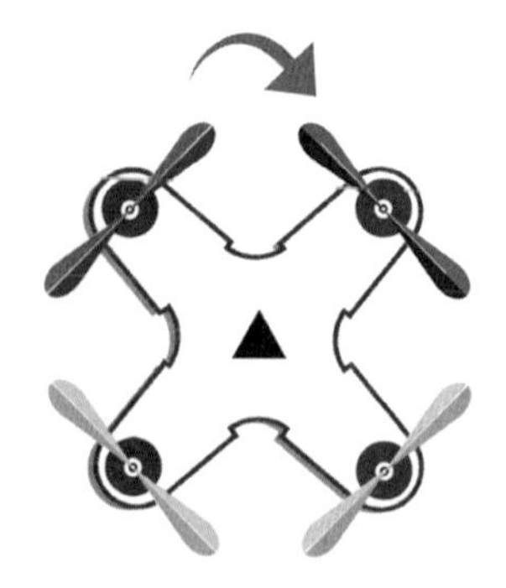

右偏航

图4.03　左、右偏航

## 悬停状态下的受力分析

如图4.04可见，四旋翼无人机在悬停状态下，四个螺旋桨产生的升力之和与无人机的重力是相等的。在标准的无风环境里，悬停状态下的无人机螺旋桨不产生水平方向的力。

由此可知，起飞重量是一个很重要的指标：它决定了无人机从起飞到降落所需消耗的全部能量。

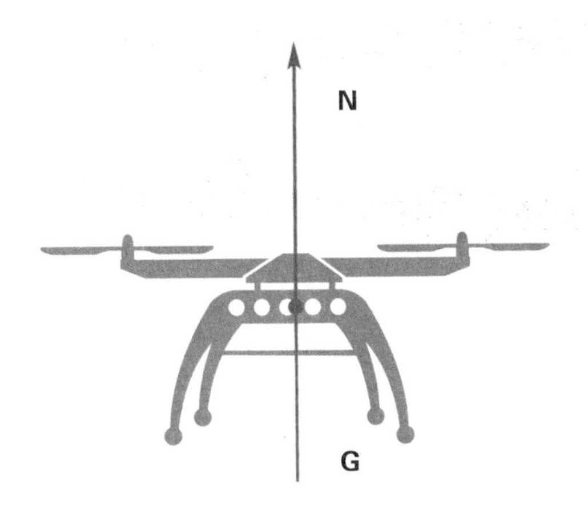


**图4.04　悬停状态下四旋翼无人机的受力分析图**

## 螺旋桨的奥秘

多旋翼无人机之所以能够实现进退、横滚、偏航等飞行姿态，其奥秘在于电机转速的变化，而电机转速的变化也意味着螺旋桨转速的变化，这会使飞机受力状态发生改变，从而实现飞机飞行姿态的变化。

## 正反桨

在前面的章节中，我们已经认识了螺旋桨。螺旋桨有正反之分。

假设我们将螺旋桨放置在垂直于我们视线的平面内，我们站在螺旋桨后方，让螺旋桨顺时针转动，气流向后吹的是正桨，气流向前吹的是反桨。

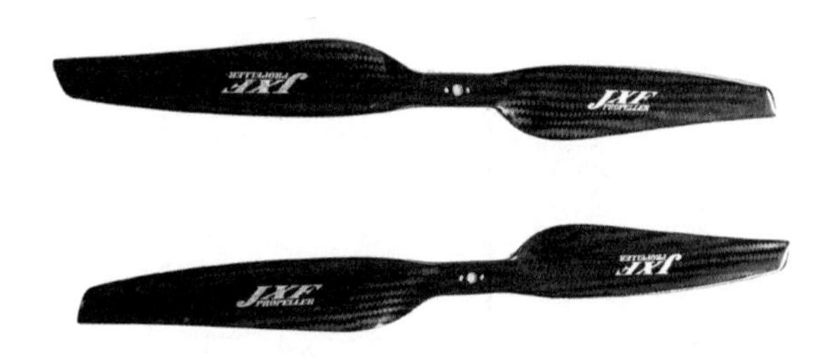


**图4.05　一对正反桨**

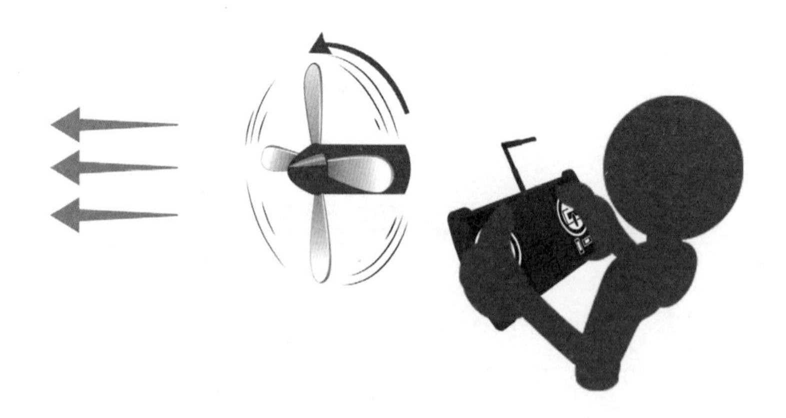

**图4.06　反桨旋转示意图**

这种区分方法难于记忆，并且对于多旋翼无人机来说意义不大。其实要搞清楚其中的规律很容易：通过观察可以发现，所有的螺旋桨桨叶都有一面向上倾斜，一面向下倾斜；向上倾斜的那一边叫桨叶前缘，向下倾斜的那一边叫桨叶后缘。当桨叶前缘向前转动时，螺旋桨会受到一个垂直向上的力，也就是升力。相反，如果螺旋桨的桨叶后缘向前转动，则螺旋桨受到的力垂直向下。了解力的方向与螺旋桨旋转方向的关系，可以避免将螺旋桨装反。

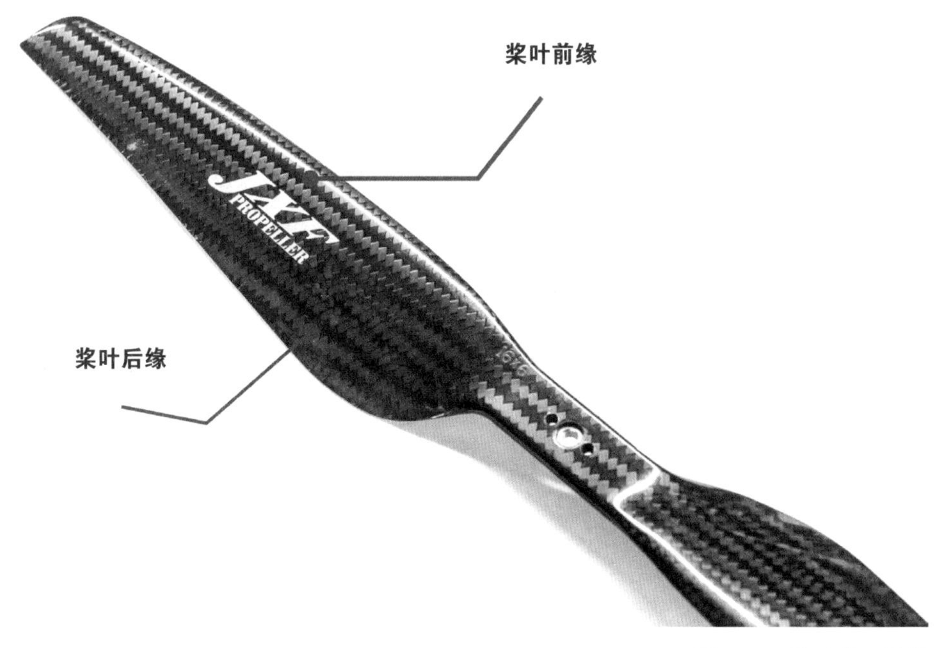


图4.07 桨叶前、后缘

## 推　力

常规四旋翼产生的推力永远垂直于四个旋翼所在的平面，也就是说当四旋翼无人机处于悬停状态时，推力是垂直于水平面向下的。

当螺旋桨前缘向前转的时候，螺旋桨会给它自己正下方的空气一个推力，而根据牛顿第三运动定律（作用力与反作用力），螺旋桨正下方的空气也会给螺旋桨一个大小相等、方向相反（方向是正上方）的推力，这就是无人机的升力。

一般来说，螺旋桨和电机都装在飞机轴臂的正上方。当然，也有特例，如图4.09这种将螺旋桨和电机安置于轴臂下面的飞机。

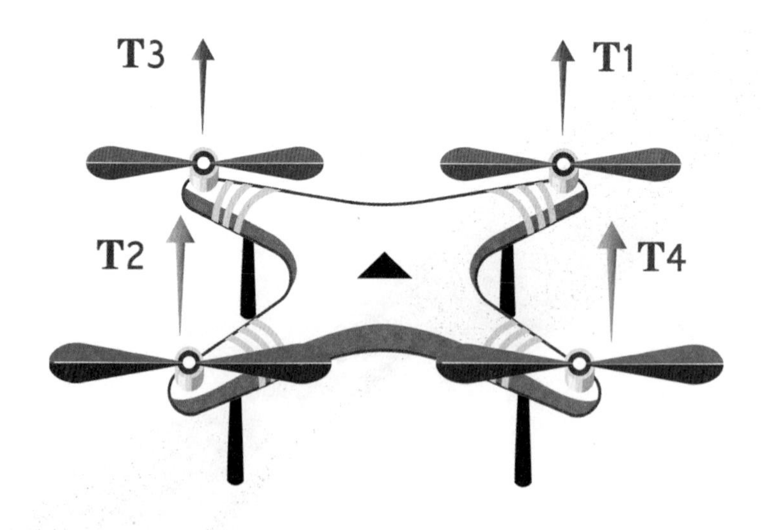


**图4.08　四旋翼无人机的升力**

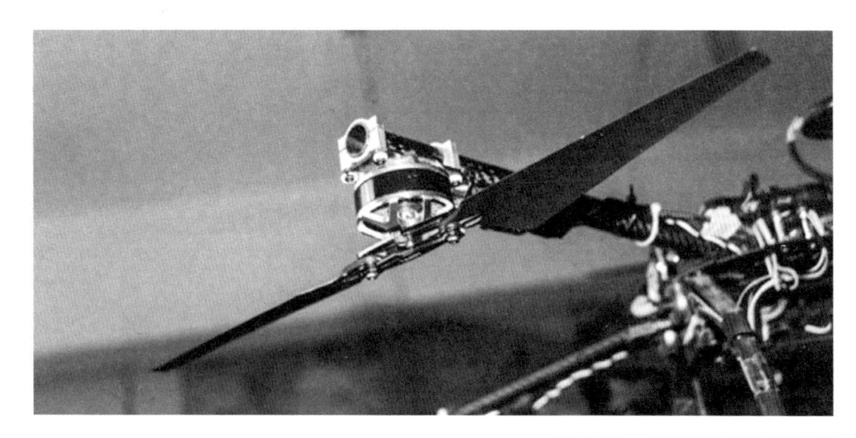

图4.09　螺旋桨下置无人机

## 扭　力

首先，我们来定义一下四个螺旋桨的编号。按照国际惯例，可将四旋翼无人机的四个旋翼予以编号，如下图所示：

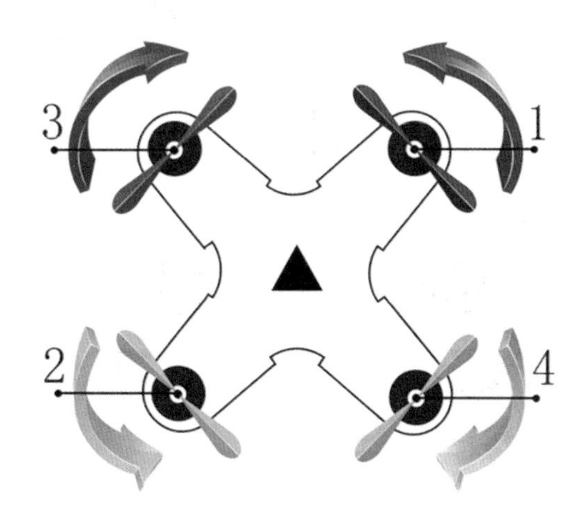


图4.10　四旋翼无人机的四个旋翼

现在，我们来了解一下多旋翼无人机在飞行时，受到来自空气的、除推力之外的另一种力——扭力。

所谓的“扭力”，就是螺旋桨在旋转过程中受到的处于旋翼所在平面内、方向永远与螺旋桨旋转方向相反的来自空气的阻力（也可以说是螺旋桨受到的来自空气的反作用力）。处于悬停状态下的四旋翼无人机，受到的扭力是相互抵消的。这个扭力的大小取决于螺旋桨的转速和螺旋桨的直径，螺旋桨转速越快、直径越大，单位时间内螺旋桨传递给对应空气的动量就越多；相应地，螺旋桨受到的来自空气的反作用力也就越大。

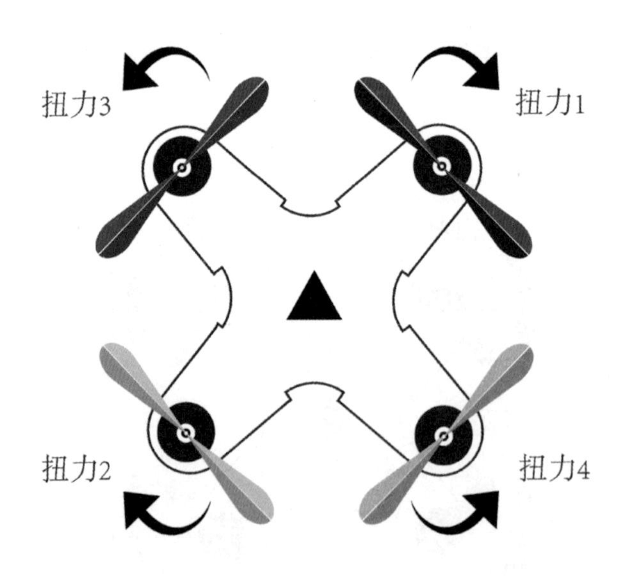


**图4.11　四个螺旋桨受到的扭力方向示意图**

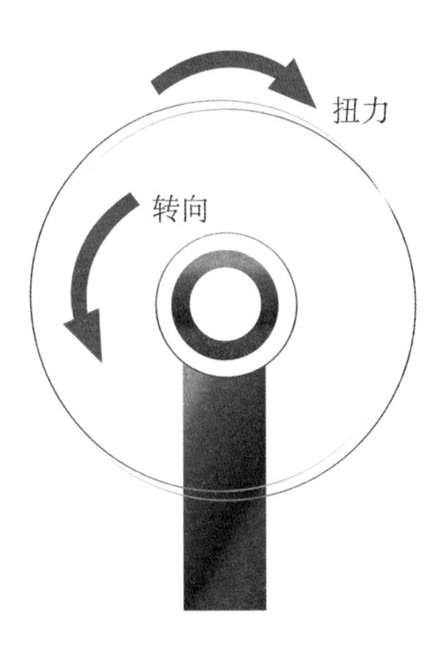


**图4.12 扭力与螺旋桨转向的关系**

一般情况下，四旋翼无人机的四个螺旋桨转向是这样的：1号桨与2号桨逆时针旋转，3号桨与4号桨顺时针旋转。同时，1、2号螺旋桨装备为正桨，3、4号螺旋桨装备为反桨。在悬停状态下，四个螺旋桨的转速相同，因此我们可以认为：在悬停状态下，1号桨与3号桨所受的扭力相抵消，2号桨与4号桨所受的扭力相抵消。

当然，螺旋桨的旋转方向并不一定非要按照上述方向。如果1、2号螺旋桨按顺时针旋转，3、4号螺旋桨按逆时针旋转，那么我们只需要将第一种搭配方案中的螺旋桨正反调换即可。这样，螺旋桨开始旋转后产生的升力仍然向上。因此，螺旋桨的转向与正反桨如何搭配并不是重点，确保升力向上才是重点。

## 几种飞行姿态下的受力分析

### 前进状态下

四旋翼无人机在前进状态下，机头向下倾斜，机尾向上倾斜。当飞机需要从悬停状态转变为前进状态时，2、4号螺旋桨转速升高，使得机尾上升、机头下坠。在此过程中，1、3号桨也需要不断加速以防飞机坠落，但其加速度低于2、4号螺旋桨。

当飞机倾斜至一定角度的时候，将四个螺旋桨的转速进行调整，使其重新一致。但由于飞机此时倾斜的角度，螺旋桨产生的推力不再垂直于水平方向向下，而是与水平方向呈一个角度。相应地，飞机受到的升力，也可以分解成水平方向和垂直方向两个力，水平方向的分力将会推着飞机前进。

### 横滚状态下

以左横滚为例。与前进状态类似，当飞机需要左横滚时，1、4号螺旋桨转速升高，使得飞机右侧上升、左侧下坠。在此过程中，2、3号桨也需要不断加速以防飞机坠落，但其加速度低于1、4号螺旋桨。当飞机倾斜至一定角度的时候，调整4个螺旋桨的转速，使其一致。但由于飞机此时倾斜的角度，飞机受到的升力会向右侧产生一个分力，从而推着飞机左横滚。

### 偏航状态下

以左偏航为例。当飞机需要从悬停状态转为左偏航状态时，飞机的1、2号电机减速，其受到的扭力因此减小；同时，3、4号电机加速，其受到的扭力因此增加。在此过程中，无人机的扭力

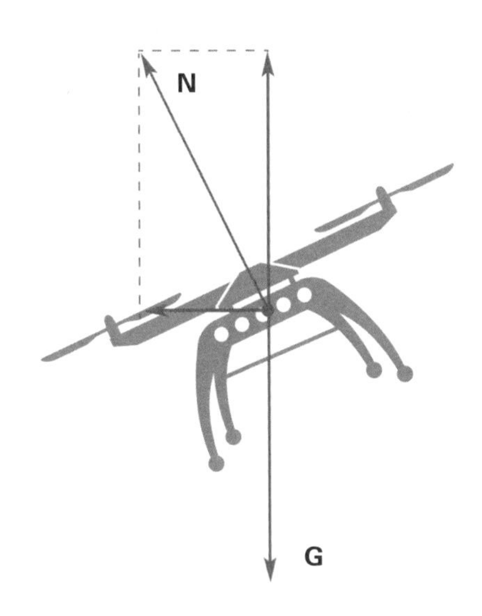


图4.13　横滚状态下受力分析

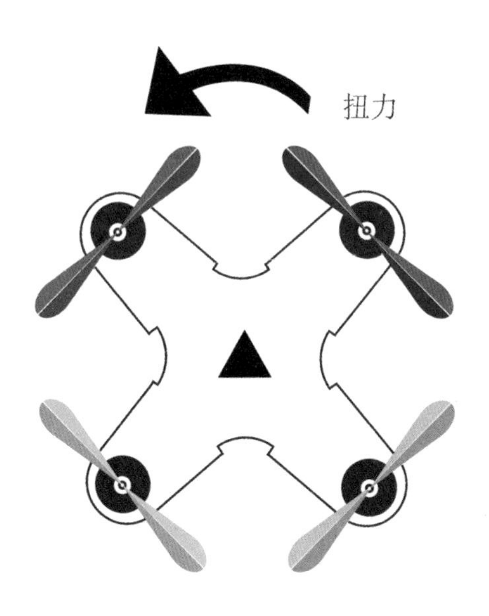


图4.14　偏航状态下受力分析

不再平衡，向左的扭力大于向右的扭力，机身因此向左自旋（也就是左偏航）。当旋转到所需要的角度，螺旋桨恢复原来转速，飞机停止偏航运动。

# 固定翼无人机的飞行原理

## 几种飞行姿态的定义

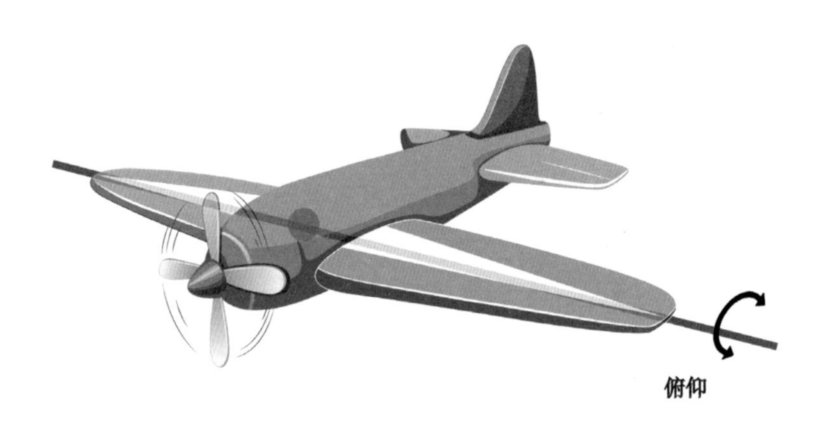


图4.15　固定翼无人机俯仰姿态

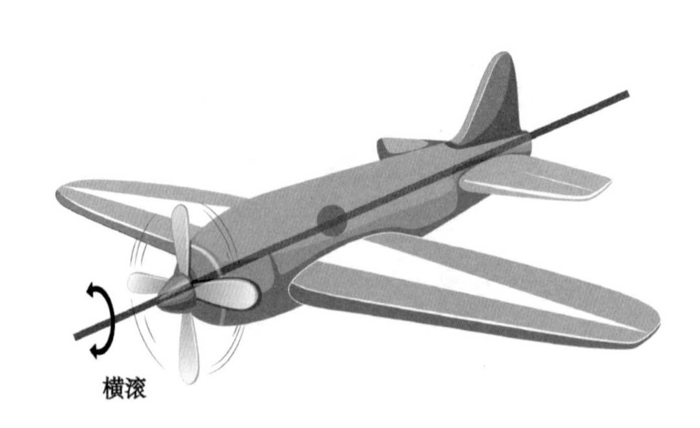


图4.16　固定翼无人机横滚姿态

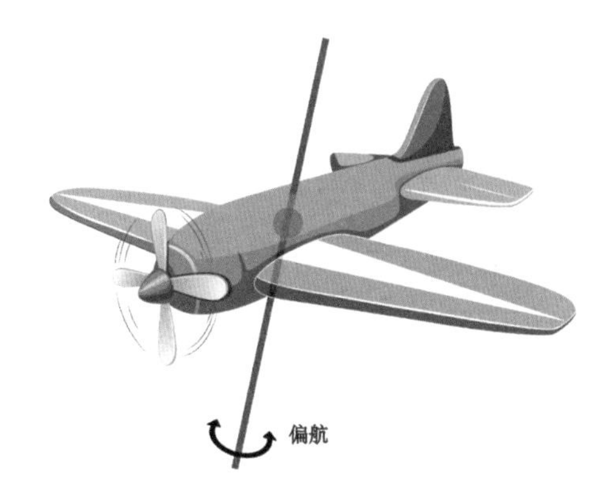


图4.17　固定翼无人机偏航姿态

## 连续性定理

连续性定理是指当一种流体连续、稳定地流过一根管子或形状类似的空间时，管中的任何一部分流体都不会中断或被挤压起来，因此，在同一时间内，流进任一个切面的流体质量和从任何另一个切面流出的流体质量是相等的。

由此，我们可知：流体流经狭窄空间时，流速一定比它流经较宽阔空间时的流速大。

如图4.18，河流被一块岩石阻拦，分别从岩石两侧流过。根

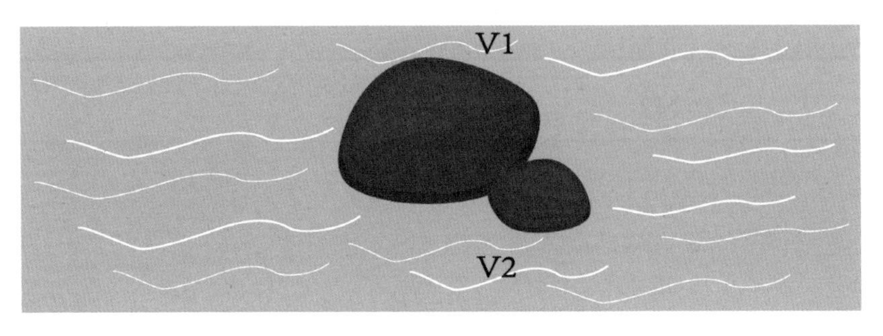


图4.18

据连续性定理，我们可知：从岩石上方流过的水流速度V1一定大于从岩石下方流过的水流速度V2。

再举一个例子：当我们在楼宇之间穿行时，会发现两栋楼之间的区域风很大，这就是我们常说的“风口”。两栋楼之间的区域较狭窄，所以这一区域的风速一定比操场等空旷地的风速快。这也是连续性定理的一种体现方式。

## 伯努利定理

伯努利定理的内容可以简单描述为：在一个流体系统中，对于不可压缩、黏度可以忽略不计的理想流体，如空气、水等，它的流速越快，则对它所流经的管道或空间表面产生的压力越小。

如图4.19所示，当下图中水管内的水流流速减缓时，它对水管壁的压力变大。即如果V2 < V1，则N2 > N1。

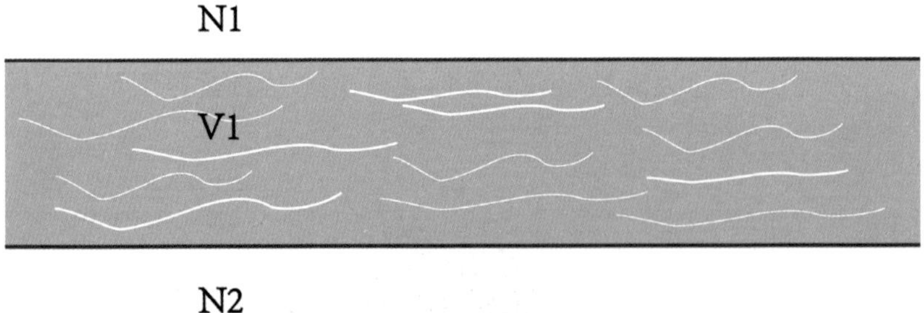


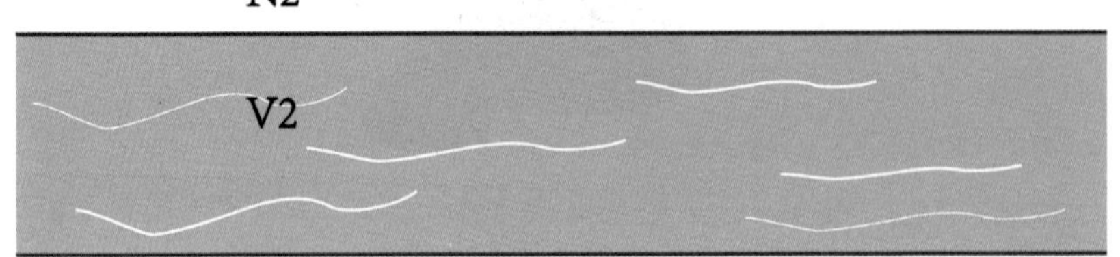


**图4.19**

## 升力的产生

无论采用滑跑、弹射还是手抛哪种起飞方式，固定翼飞机在进入正常飞行阶段之前必须具备一定的速度，否则将无法起飞。

在飞机具备一定初始速度的情况下，我们可以等同地认为：飞机处于静止状态，而空气以一定的速度流过飞机。空气在流经机翼时，上下表面的流速会产生差别。

如图4.20所示，由于机翼上表面凸出，我们可以认为：气流在流经机翼上表面时，所经过的空间变得狭窄了。由连续性定理可知：流经机翼上表面的空气流速会增大。再由伯努利定理可知：此时空气对机翼上表面的压力也相应减小。

相反地，当空气流经机翼下表面时，流速较慢。因此，流经机翼下表面的气流对机翼下表面的压力较大。

此时，机翼的上下表面形成了压力差，也就是向上的升力。固定翼飞机依靠这个升力留空飞行。这个升力的大小由许多因素决定：飞机与空气的相对速度、机翼的形状、飞机的迎角等。

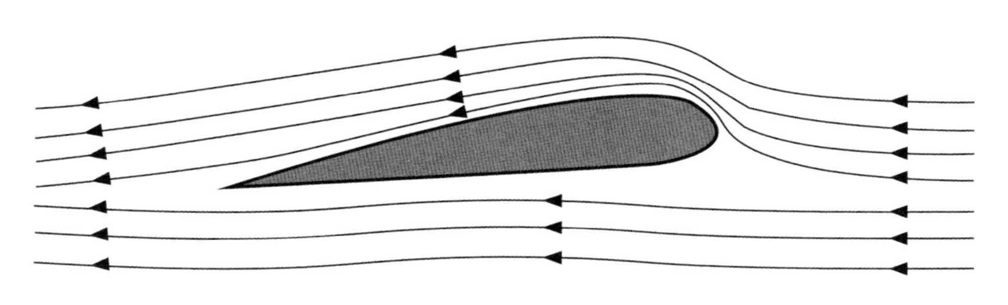

**图4.20 机翼升力的产生**

## 不科学的祝福语

在机场送别亲友时，我们往往会说一句祝福语："一路顺风。"岂不知，这是一句很不科学的话。

前文已经讲过，对于固定翼无人机，其升力的本质都是机翼上下表面产生的压力差。此项结论同样适用于有人机。而决定机翼上下表面压力差大小的重要因素之一，是飞机与空气的相对速度，而非飞机相对于地面的速度。

飞机与空气的相对速度越大，单位时间内通过机翼上下表面的空气流量越大，压力差也就越大。而一旦飞机与空气的相对速度过低，则会导致机翼上下表面的压力差过小，从而无法支撑飞机继续飞行。此时，飞机就会坠机，这种现象叫作"失速"。

我们知道，飞机与空气的相对速度由内、外两个因素决定：内因是飞机本身的动力系统，外因是飞行环境中的风速和风向。

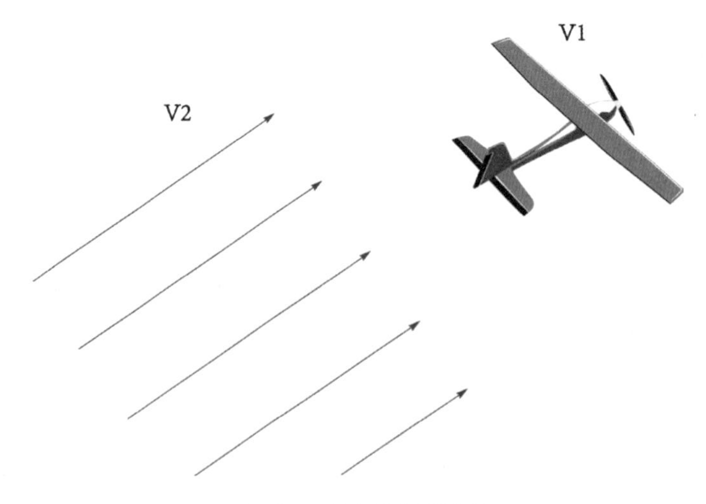


**图4.21　无人机顺风飞行**

举个例子：一架微型固定翼无人机以时速V1飞行，而飞行环境中风的时速是V2，方向与无人机前进方向一致，那么此时这架无人机与空气的相对时速就变成了V1-V2。如果风速过大，将导致无人机的有效时速过低，从而失速坠机。

固定翼无人机在飞行时，应尽量避免顺风飞行，逆风飞行反倒受飞行员们欢迎。因此我们在机场送别亲友时，千万不要说出那句“一路顺风”。

## 几种飞行姿态下的受力分析

### 俯仰状态下

一般来说，固定翼无人机依靠水平尾翼舵面的定轴转动来实现无人机俯仰轴上的姿态控制。

当飞机需要“抬头”时，水平尾翼舵面向上运动。由于气动力作用点位于重心后方，方向向下，产生抬头力矩，机头向上运动。

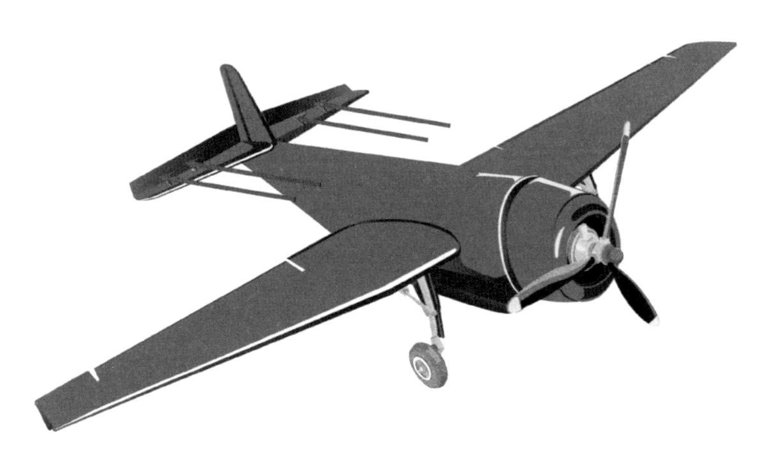

**图4.22 俯仰状态下受力分析**

**横滚状态下**

固定翼无人机依靠副翼的调整来实现无人机滚转轴上的姿态控制。

当飞机需要向右横滚时，左副翼向下偏转，右副翼向上偏转，右机翼升力减小，左机翼升力增加，从而使飞机向右滚转。

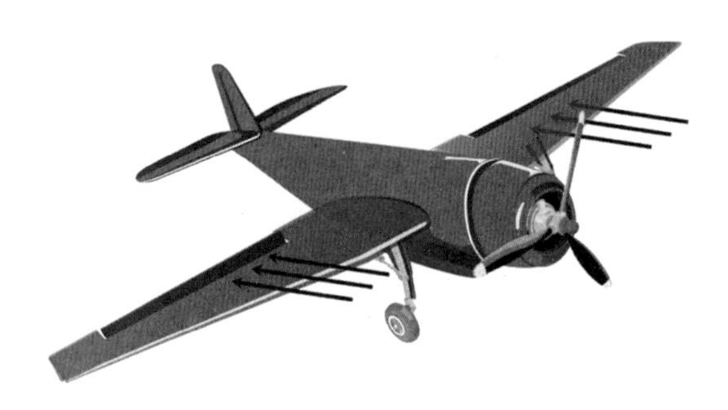

**图4.23　横滚状态下受力分析**

**偏航状态下**

一般来说，固定翼无人机依靠垂直尾翼舵面的定轴转动来实现无人机偏航轴上的姿态控制。

当飞机需要向右偏航时，垂直尾翼舵面向右运动。由于气动力作用点位于重心后方，方向向左，产生向右偏航的力矩，机头

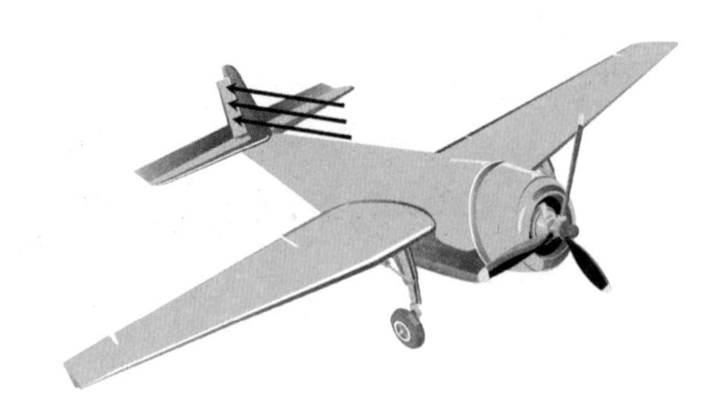

**图4.24　偏航状态下受力分析**

向右偏航。另外，多发动机的飞机可以通过发动机的差动控制实现偏航控制。此外，飞机可以通过轻微的侧滚转，依靠机翼升力侧向分力改变整机航向。

# 第二节 飞行模式

无人机可以设置不同的飞行模式。不同模式的应用场景不同，飞行效果和难度也不相同。

## 定点模式（GPS模式）

只有多旋翼无人机具备这种飞行模式。在这种模式下，导航与控制系统会利用GPS和气压计对无人机分别进行水平定位和垂直定高。因此，无人机可以保持在一个很稳定的定点状态，只要不对其发出指令，无人机会定在空中的一个位置而不移动。

在这种模式下，无人机起飞前导航系统会首先搜索卫星。只有当搜索的卫星数量达到6颗或以上时，自驾仪才会允许其解锁。

除了穿越机，多旋翼无人机大多数时候都会采用这种飞行模式。

## 姿态模式

这种飞行模式下的无人机不启用导航系统，只依赖控制系统自带的传感器来控制无人机姿态。在这种飞行模式下，无人机本身的姿态可以保持稳定，但不能保持水平定位和垂直定高。

这种飞行模式需要一定的飞行技巧，只有在无人机遭遇GPS干扰以致失控的情况下建议使用。

这种模式下无人机仍在使用控制系统的传感器。

## 手动模式

这种飞行模式下的无人机既不启用导航系统，也不启用自驾仪中的传感器，完全凭借操作者对遥控器摇杆舵量的控制来操控飞机姿态。

由于传感器不参与无人机的姿态控制，在遥控器舵量过大的时候无人机可能会出现翻转等现象。这种飞行模式需要较强的飞行技巧，除了飞行练习或飞行穿越等少数场景，一般场景下不建议使用。

## 自主模式（Auto模式）

在这种模式下，无人机会按照预设航线进行自主飞行。操作者可以选择在起飞前上传好航线，然后在地面解锁后切换到这种模式；也可以选择在无人机起飞后上传航线，然后切换到这种模式。

这种飞行模式依赖导航系统，只能在GPS信号良好的情况下使用。测绘等领域经常用到这种飞行模式。

## 一键返航模式

一键返航，这是一个懒人非常喜欢的功能。当你看不清无人机姿态或你懒得手动将无人机飞回起飞点时，只需要切换一个开关，无人机即可自动飞回起飞点（Home点）。

需要注意的是，这项功能在有些环境下要谨慎使用。许多飞控会默认设定，当飞行模式切换至此模式时，无人机会升至一个“安全高度”然后沿其所在位置点与起飞点之间的直线返航。但一旦我们的无人机处于视距范围之外，我们不能确定这条直线上是否会有障碍物遮挡。让我们想象一个假设的场景：我们驾驶无人机绕过一栋100米高的大楼，以30米的高度在楼的背面执行航拍任务，由于无人机超出了视距范围此时我们有些手足无措，因此我们切换了一键返航模式。那么无人机会上升至50米的“安全高度”，然后沿着直线飞回起飞点，而在这条直线上有一栋楼，于是悲剧就这么发生了。

因此，在使用这项功能的时候，务必要谨慎。

## 姿态模式与手动模式的说明

初学者经常难以分清这两种飞行模式，关于它们有三点说明：

1.这两种飞行模式都不依赖导航系统，该模式下的无人机也都不具备定点悬停功能。

2.在姿态模式下，无人机的控制系统参与控制调整飞机姿态，因此在姿态模式下无人机会比在手动模式下飞得更平稳。在手动模式下，控制系统是不参与姿态控制的，遥控器油门舵量的大小直接对应无人机几个电机的转速。

3.这两种飞行模式的意义重大。在大多数情况下我们都会选择悬停模式进行作业，一旦无人机的GPS受到干扰导致无人机失去控制，我们就必须切换模式对无人机进行“抢救”。操作熟练的驾驶员可以在预先设置飞行模式时任意选择一种。

## 第三节　环境对飞行的影响

### 风

无人机具备一定的抗风能力，这种能力来源于动力系统。当风力大于动力系统的最大抗风极限时，无人机将无法正常工作，甚至出现摔机事故。即使较小的风，也会导致无人机续航时间缩短，因为无人机需要消耗更多的能量来对抗风的推力。

图4.25

## 雨

很多时候，无人机飞行时会遭遇突降的雨水。无论滂沱大雨还是毛毛小雨，都有可能给无人机的电路带来短路的风险，更何况大雨往往伴随着大风。有些一体化机体可以抵抗小雨。这些一体化机体的电机会裸露在外面，但无大碍，因为电机本身防水，只需处理好电线接头以防短路即可。

## 云

从某种程度上讲，对无人机来说，云的危险系数甚至高于小雨。云是由无数细微的小水滴组成的，当无人机穿越云层时，这些小水滴很有可能渗透进一体化机体，侵入飞控、电调或电台的外壳，附着在电路板上，从而导致一些电子设备短路。因为穿云而导致失联摔机的案例不在少数。

20世纪90年代有一种刚刚进入中国的防水电子手表，“防水不防汽”，我们可以戴着它游泳，但如果戴着它洗澡，手表就会

**图4.26**

出现故障。云对无人机的影响和“电子表”案例类似，有些无人机虽然可以防小雨，但是不能穿云。

## 温　度

过低的温度会导致电池的放电能力变弱，从而缩短无人机的航时。甚至在有些极端情况下，常温下能续航20分钟的无人机只能续航不到3分钟。因此，我们需要注意：在低温状态下飞行首先要做好电池的保温工作。无需复杂的措施，只需把电池揣在怀里即可确保良好的保温效果。只要做好电池保温，电池在低温环境下也可以放出可观的电量。

同样，过高的温度也不利于无人机飞行。在高温状态下，我们需要考虑电池、电机、电台等设备的工作状态；同时，高温环境下空气的密度也会降低。

## 海拔高度

海拔高度对无人机的飞行有两个影响：一是空气密度，二是温度。

海拔越高，空气越稀薄，这样螺旋桨以一定速度旋转一周所产生的升力也就越小。也就是说，要产生相同的推力，动力系统需要消耗更多的能量。所以，当海拔高度超过无人机的飞行升限时，无人机的飞行状态将不再是安全、平稳的。

同时，海拔越高，温度越低。在海拔6000米左右处温度低至零下35至零下40摄氏度，这也会对飞行产生不利影响。

**图4.27　镁科众思科技在西藏昆仑山口高原测试动力系统**

一款无人机的最高飞行高度，需要经过严格的测试才能得出。只有这样，得出的数据才是最严谨、最客观的。

## 高大建筑

许多无人机在靠近高大建筑物飞行时经常会发生莫名其妙的摔机事故，这看似偶然的背后其实有其必然性。靠近高大建筑物飞行会对无人机造成两方面的威胁。

其一，由于GPS卫星发射的信号在空气介质中直线传播，无人机在过于靠近建筑时接收不到足够数量的GPS信号，从而导致飞机跳出定点模式转成姿态模式，进而飘移撞上建筑物摔机。

其二，建筑物由许多特殊材料建成，有些材料会反射GPS信号，造成GPS信号的“多径”现象。通俗地讲，就是正常的GPS

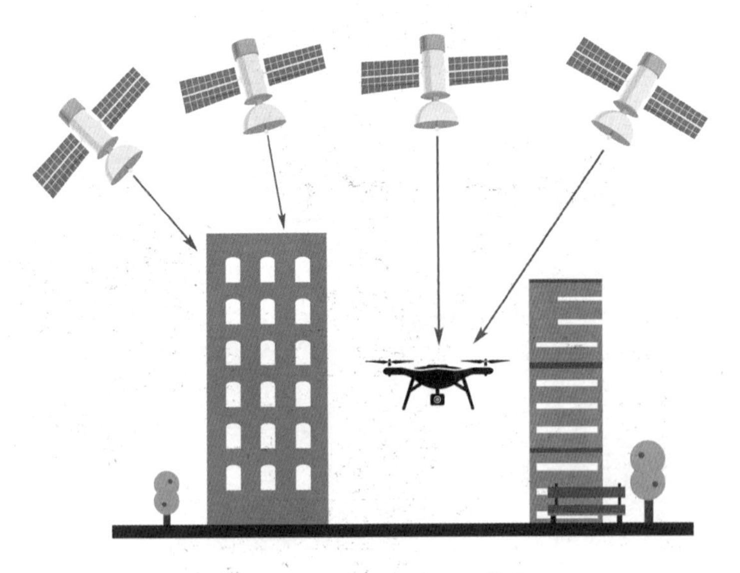

**图4.28　建筑物遮挡GPS信号**

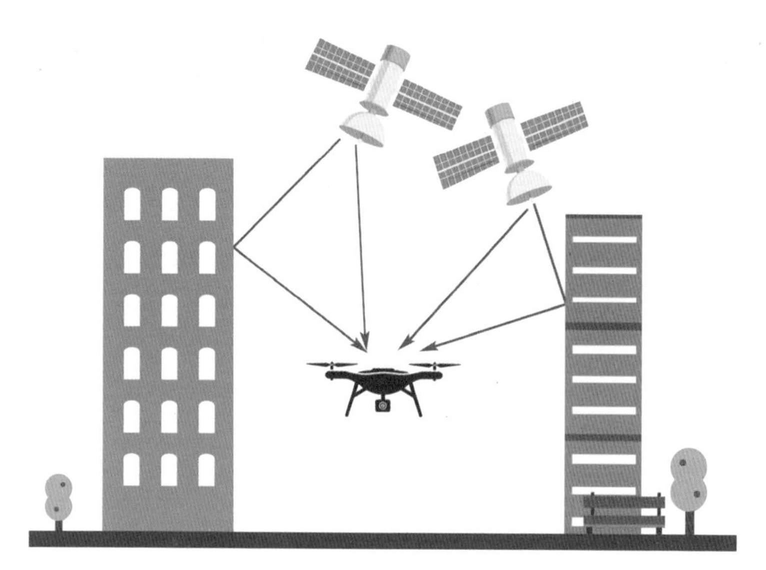

图4.29 建筑物反射GPS信号造成“多径”现象

信号会被反射造成假信号，从而干扰导航系统，导致飞机“乱飞”，进而撞上建筑物摔机。

## 磁 场

前文已经讲过，在无人机的导航与控制系统中，磁罗盘等电子器件对磁场非常敏感，很容易受到外界磁场的干扰。而我们知道，变化的电流产生磁场，因此当飞机接近高压电线时，很容易被强大的磁场干扰，从而导致飞机失控摔机。

在这里要说明一下，“变化的电流”并非专指交流电，直流电也属于“变化的电流”，因为直流电的本质就是单向流动的电荷，在直流电中电荷也是在变化的。也就是说，直流电也会对磁性敏感器件造成干扰。

# 第四节　安全注意事项

由于人为原因导致的摔机事件数不胜数，这不仅造成了财产损失，严重时还会导致人员伤亡。因此，飞行需要充分的准备工作和很强的安全意识。下面我们来总结一下飞行需要注意的安全事项。

## 起飞前的工作

### 出发前的检查

1.检查各类设备的电池电量是否充足：无人机动力电池、遥控器电池、地面站电池、图传地面端电池等。低温作业需要提前对电池进行保温处理。

2.检查有螺丝部位是否紧固，是否已打螺丝胶。螺丝胶分不同强度，要按需求进行选择，经常拆卸的部件不建议选用高强度螺丝胶。

3.检查遥控器与接收机是否正常连接，接收机与飞控插头连接是否稳固，接收机天线是否已固定好。

4.检查遥控器设置是否正确，各对应通道及正反方向是否正确。

### 飞行环境的判别

到达飞行场地后，我们需要对飞行环境进行判别。前文已经提过，风、雨、云、温度、海拔以及周围建筑和磁场环境等因素都会对飞行造成一定影响。因此，在无人机起飞前务必要先查看天气是否适合飞行以及周围环境是否存在潜在的危险因素。如果发现存在风险，无人机驾驶员应当果断作出决定，推迟或取消飞行。

固定翼无人机对场地的要求较高，需要有宽敞的起降跑道以及视野开阔的空域，空域附近不得有电线杆或者建筑物，以防出现事故。

另外需要注意，飞行时一定要尽量远离人群，以避免意外出现后造成人员伤亡。

## 现场起飞前的检查

1. 起飞前需要严格检查无人机的机械部分，如起落架的状态、机体的螺丝是否已拧紧、螺旋桨的安装方向是否正确、电机转向是否正确等。

2. 固定翼无人机要检查飞机的各个舵面是否工作正常；如果是油机的话，还需要检查一下熄火开关是否能正常工作。

3. 无人机自驾仪的自检状态以及GPS搜星的情况。

4. 地面站与飞机的连接状态。

## 飞行过程中的注意事项

1. 起飞时推油门要果断，使得飞机在最短时间内摆脱地效范围。

2.飞行过程中无人机驾驶员切勿与他人闲聊。

3.地面站工作人员定时向驾驶员汇报无人机电压、高度、距离等信息。如单人操作，则驾驶员要自行关注上述信息。

4.时刻关注无人机的姿态，如发现异常，立刻采取降落或返航等措施。

5.当无人机出现失控乱飞时，不要惊慌，第一时间切换至手动飞行模式并立即将飞机降落。

6.任务结束后，尽快返航降落，最大限度地降低滞空时间。降落时需缓慢降低油门，使飞机平稳着陆。

7.固定翼无人机降落时要提前清理跑道，不得有障碍物或者人员出现在跑道上。

## 降落后的工作

1.降落后使用遥控器或地面站锁定油门。

2.回收无人机前先将电源切断。

3.检查是否有电气部件过热。

4.油动固定翼无人机如果有剩余燃料，需要使用油泵抽回油桶。

5.将飞机各部件拆散，收回运输箱。

# 第五节　飞行技巧的训练

我们想要安全、熟练地操控无人机，需要掌握娴熟的飞行技巧。下面我们来介绍一下无人机的飞行技巧训练。

## 训练工具

首先来介绍一下训练工具。多旋翼的训练机是从小到大的。

### 模拟器

一般在使用真正的飞机飞行之前，我们都会先在模拟器上进行模拟飞行训练。下面来介绍一款较常见的凤凰模拟器。

首先将模拟遥控器通过USB口接入电脑。初次使用此软件需要配置新遥控器。

**图4.30　模拟飞行配置新遥控器**

图4.31

配置完成后飞行场地上会出现一架飞机。此时可以操控模拟遥控器进行飞行训练。

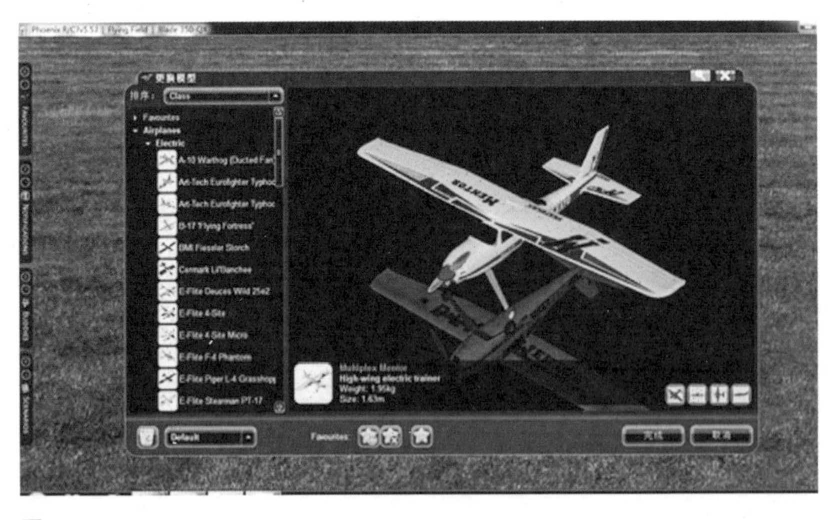


图4.32

此模拟器可以更换飞机模型，练习者可以根据自己的需要选择合适的飞机进行训练。

图4.33

可以更换飞行场地，练习者可以根据需求选择飞行场地。

图4.34

可以设置训练模式，练习悬停及起降。

图4.35

可以进入比赛模式，体验飞行快感。

## 多旋翼训练机

### 小轴距训练机

在模拟器上熟练掌握了四旋翼的悬停技巧之后，建议采用小轴距训练机进行训练。小轴距训练机大小不等，建议先采用电动

图4.36　四轴玩具

图4.37　穿越机

四轴玩具进行室内训练。这种四轴玩具的操作方式和真正的无人机十分接近，不同的是它不具备导航系统，而且更加灵活。使用这种多轴玩具可以避免诸如人身伤害、大额经济损失、飞机飞丢等风险，同时多轴玩具的配件廉价且易于修理，不用担心花费大量时间去维修摔坏的飞机。也许很多人不屑于使用这种训练工具，但是真正使用后你会发现，能操纵好这个小玩具也不是那么简单的。

在熟练掌握四轴玩具的飞行控制之后，可以改用轴距250或330的穿越机，进行户外训练。相比四轴玩具，这种穿越机更加灵活，而且具备一定的伤害性，但是它更接近于无人机。穿越机的配件价格适中，大多数人可以消费得起。其维修工作量比四轴玩具略大。

**图4.38　F450训练机**

### 450训练机

当你能够熟练使用穿越机在室外进行悬停和航线飞行时，那么你已经具备使用无人机的基本素质了，接下来可以使用450训练机进行训练。450是比较常见的一个机型，多用于消费级无人机市场，一般可以挂载gopro等微型摄像机或摄像头，并且往往装备了导航系统。

你可以尝试使用450在定点模式下切换成姿态模式或手动模式，从而感受突发状态下切换模式的感觉，也可以试着使用搭载了摄像机和云台的450训练机进行短时间航拍。

## 固定翼KT板训练机

如果你想尝试固定翼的飞行，可以使用这种KT板航模进行练习。这种训练机价格低廉，机身轻巧，便于维修。一般来说，除

图4.39 KT板训练机

非是专业无人机飞手，否则很难有机会操作真正的固定翼无人机。

## 训练科目

下面来介绍一下飞行训练中的训练科目。以下介绍的科目，都不采用导航系统定位，这样才能训练出驾驶员的反应能力，从而强化其在突发状态下“抢救”无人机的能力。

切记，训练开始前，首先要确保飞手与无人机之间保持安全距离。

### 多旋翼无人机

#### 起飞与降落

起飞与降落是无人机飞行过程中最容易发生事故的两个环节，需多加练习。

起飞前，要先控制遥控器将无人机解锁。当无人机解锁后，可将油门杆缓推一点，使螺旋桨处于怠速状态。随后，需要果断增加油门。因为在无人机将要起飞而又没有起飞的临界状态下，地面向上反弹的气流会对无人机造成极大的干扰，此时如果犹豫不决，无人机有可能会被反弹上来的气流推着四处“飘移”。因此，此时不要犹豫，果断推油门将无人机升至离地1至2米的高度。随后，可根据需求调整无人机的高度。

降落时，需要缓收油门，使无人机慢慢下降。因为在降落过程中，无人机的螺旋桨减速，动力降低，抗风能力也随之降低，这是无人机在飞行过程中最“脆弱”的环节。一旦发现无人机下降过快或出现侧风干扰，要适当增加油门以减缓下降。降落过程中，如果需要调整降落地点，需要增加油门停止降落，调整过后再继续降落。落地后，要打杆锁定油门。

## 悬　停

悬停是飞行中最基本的动作，只有熟练掌握了悬停技巧才能进

**图4.40　对尾悬停**

**图4.41　侧位悬停**

一步训练其他科目。悬停分三种：对尾悬停、侧位悬停、对头悬停。

**对尾悬停：**

使无人机机头朝前，机尾正对驾驶员，左右手不断控制遥控器摇杆，调整无人机的位置，保持无人机悬停在尽量小的区域内。对尾悬停是最常见的动作，也是难度最低的。

**侧位悬停：**

使无人机机头朝正左或正右，左右手不断控制遥控器摇杆，调整无人机的位置，保持无人机悬停在尽量小的区域内。侧面悬停难度比对尾悬停略高一些，主要训练驾驶员在机头非朝前状态下的反应能力。

**对头悬停：**

使无人机机头朝向驾驶员，机尾朝前，左右手不断控制遥控器摇杆，调整无人机的位置，保持无人机悬停在尽量小的区域内。对头悬停是三种悬停中难度最大的，但只要勤加练习，也可熟练掌握。

**图4.42　对头悬停**

## 对尾运动

在熟练掌握了悬停技巧后，就可以进行这一阶段的飞行训练了。对尾飞行指的是机头一直朝前，不分航向，只进行水平方向的移动。

这种训练可以在强化驾驶员控制无人机移动的同时确保其不会因为兼顾机头方向而手足无措。要注意，在无人机运动的过程中要时刻关注无人机的高度。

## 四边航线

当你熟练掌握了四面悬停和对尾运动后，可以按照正方形的形状进行四边航线训练。这与对尾运动不同的是机头需要始终与无人机前进方向保持一致。

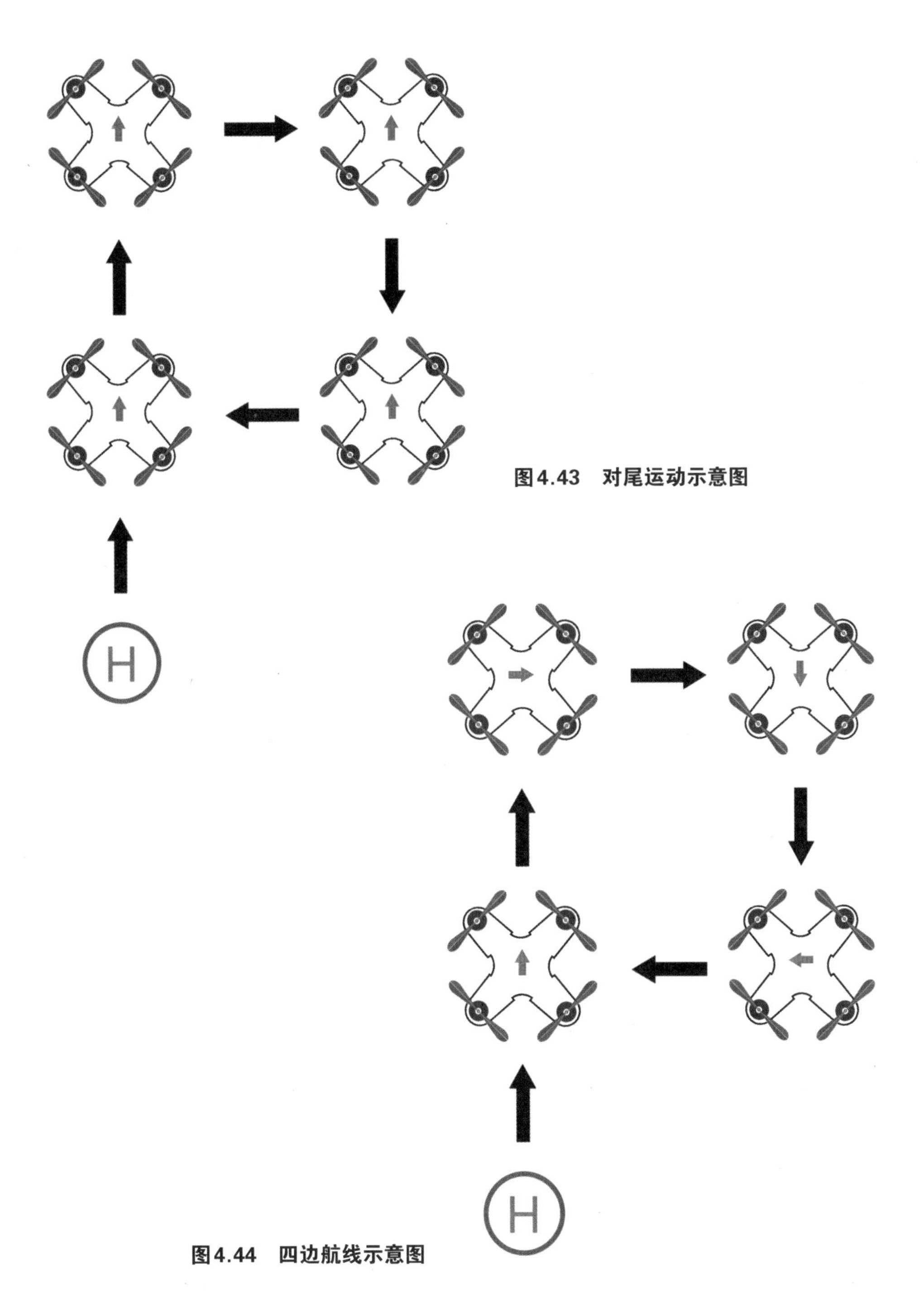


图4.43　对尾运动示意图

图4.44　四边航线示意图

## 固定翼无人机

### 起　飞

推油门使无人机加速前进，达到起飞速度后拉升降舵，离地达到一定爬升角度后升降舵回中。在这个过程中也要进行“点碰副翼”动作来保证机翼水平。

### 直线飞行

维持直线飞行的技巧就是“点碰副翼”。首先学会准确及时地判断无人机的航向变化（不是无人机的机头指向变化）趋势。在此基础上根据航向变化进行相应的“点碰副翼”动作，点碰一次后继续进行航向判断来决定是否有必要继续“点碰副翼”动作。同时也需要注意油门和升降舵的调整以维持无人机的高度稳定。此处的“点碰副翼”是指轻打一下副翼杆，随后立即回中。

### 航线调整

与直线飞行一样同样用到了“点碰副翼”动作，只是我们需要主动地进行点碰动作来改变航线。

### 程序转弯

第一步：操纵副翼压坡度（机翼的水平倾角）。关键技巧是平稳地压副翼然后快速回中。根据经验判断与自己转弯半径相应的机翼坡度，压副翼动作要平稳干脆（为第二步留够时间），到达预定坡度后快速回中，让操纵一次到位。

第二步：拉升降舵维持高度并进行转弯动作。关键是在第一步副翼回中后立即拉升降舵（避免高度损失），在整个转弯过程中拉住升降舵但幅度不要太大，可以对升降舵的拉起幅度进行调整，以高度维持不变为准。

第三步：压副翼改出。升降舵回中，平稳地压副翼（方向与转弯方向相反），当机翼水平时迅速将副翼回中。

转弯过程中也需要根据实际的飞行趋势进行相应的“点碰副翼”动作来改变无人机坡度以保证无人机的转弯半径达到预想半径。

### 着陆航线

着陆航线即前几个动作的组合，是四边航线的基础，更是初学者降落的基础。着陆航线首先是跑道中线正上空的逆风直线航线，之后连接一个180度的程序转弯使无人机进入顺风直线，最后再接一个180度转弯对准跑道中线进行逆风直线。以此为循环构成着陆航线，保证直线航线走直，每个180度转弯要主动调整坡度使无人机对准跑道。

### 降　落

在着陆航线熟练的前提下学会慢慢降低着陆航线的飞行高度，打破低空飞行的心理障碍。在对准跑道的逆风航线的飞行过程中尝试减少油门，感受减油下降的趋势。在此熟悉的基础上减油到底，快要落地之前拉平机身使无人机平稳落地。初学者可能会对降落航线和降高程度把握不准。

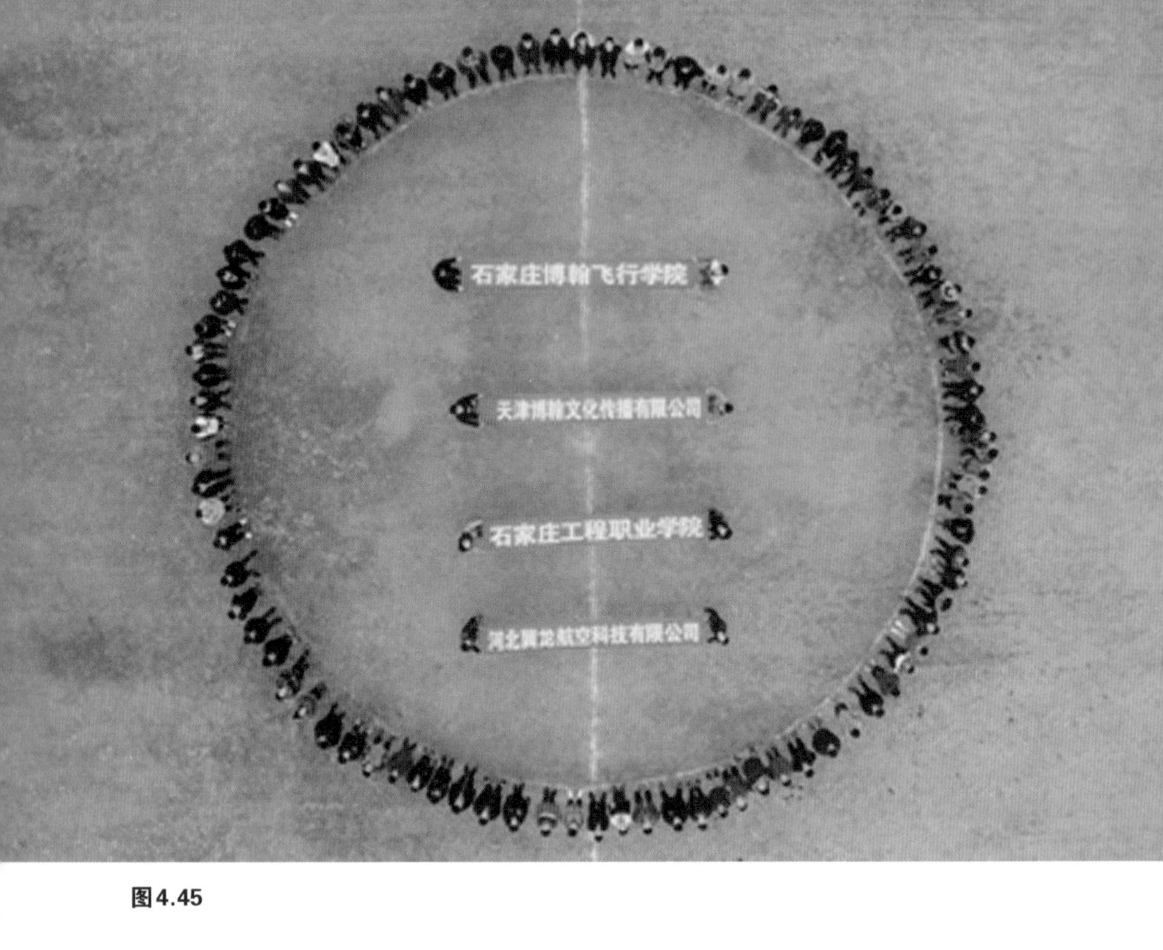


**图4.45**

# 第六节　专业人才的培养

随着无人机产业的井喷式爆发，市场对于相关专业人才的需求越来越大，诸如AOPA等资格认证也随之出现。同时，许多职业院校也争相开设了无人机相关专业。

作为河北省第一家实现无人机专业校企联合办学的企业，天津博翰文化传播有限公司在不到两年的时间里为石家庄工程职业学院打造了一个航空系的王牌专业。这家专注职业教育多年的公司不仅注重教学质量，更注重学生的实践经验。通过帮助学生对接无人机企业，使学生获得宝贵的实习经验，从而帮助学生成为一名真正合格的无人机操控师。

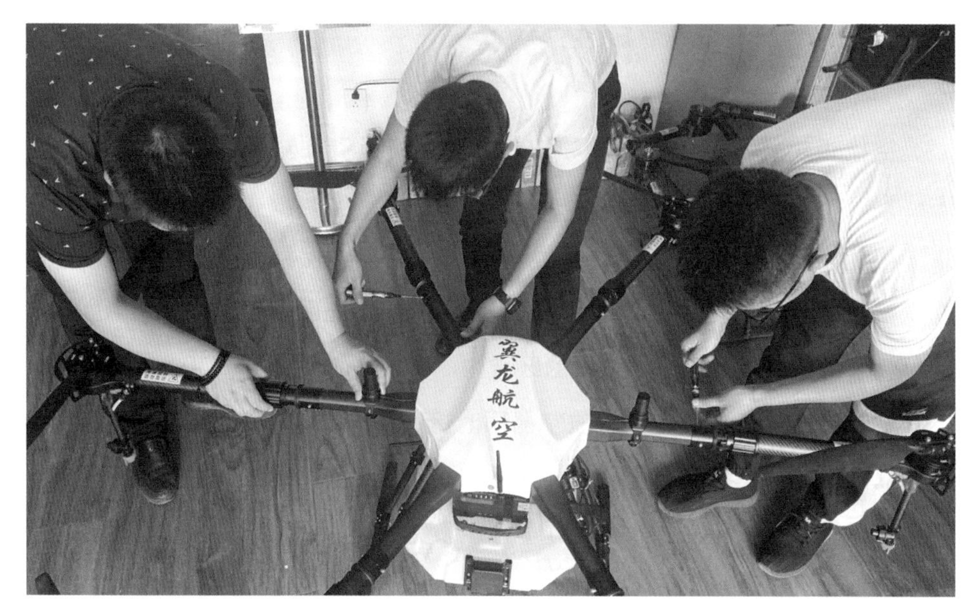


图4.46 河北翼龙的教员在指导学生调试植保无人机

# 第七节 相关法律法规

本节所有定义及相关政策法规均摘自中国民用航空局飞行标准司发布的《轻小无人机运行规定(试行)》。笔者无意将本书写成一本民航法律词典，因此只节选了少量与大多数飞行者相关的法律条款作为参考。如需了解更多更详细的法律法规，可自行查询中国民用航空局发布的相关红头文件。

另外，尤其需要注意的是，除一些法律条文规定的情况外，还有一些特殊地区和特殊建筑周边是禁止飞行的。

# 相关定义

**空机重量**：指不包含载荷和燃料的无人机重量，该重量包含燃料容器和电池等固体装置。

**视距内运行**：无人机驾驶员或观测员与无人机保持直接目视视觉接触的操作方式，航空器处于驾驶员或观测员目视视距内半径500米，相对高度低于120米的区域内。

**融合空域**：指有其他有人航空器同时运行的空域。

**隔离空域**：指专门分配给无人机系统运行的空域。

**微型无人机**：指空机重量小于等于7千克的无人机。

**轻型无人机**：指空机重量大于7千克，但小于等于116千克的无人机，且在全马力平飞中，校正空速小于100千米/小时（55英里/小时），升限小于3000米。

**小型无人机**：指空机重量小于等于5700千克的无人机，微型和轻型无人机除外。

**大型无人机**：指空机重量大于5700千克的无人机。

# 法律条款

下列情况，无人机系统驾驶员自行负责，无须证照管理：

**1.在室内运行的无人机；**

**2.在视距内运行的微型无人机；**

**3.在人烟稀少、空旷的非人口稠密区进行试验的无人机。**

下列情况，无人机系统驾驶员由协会实施管理：

**1.在视距内运行的除微型以外无人机；**

**2.在隔离空域超视距运行的无人机；**

**3.在融合空域运行的微型无人机；**

**4.在融合空域运行的轻型无人机。**

第五章

# 多旋翼无人机的DIY

前面章节已经介绍了无人机各个分系统的功能和用途，下面我们向大家介绍一下，如何自己动手来DIY一架四旋翼无人机。在组装之前，我们首先要做好准备工作。

## 第一节　准备工作

### 调　研

走路之前一定要抬头看好路，否则很有可能南辕北辙。制作无人机也一样，必要的调研工作千万不能忽略，否则很有可能空耗人力物力。

#### 飞行环境

首先，我们要对无人机即将应用的飞行环境有一定了解，这对我们后续的配件选择和总体设计工作有极大的影响。

例如，如果无人机将要在冰天雪地飞行，那么就要选择一些具备在低温状态下工作能力的自驾仪。要知道，有些消费级无人

**图5.01　低温环境下飞行的无人机**

机厂家的自驾仪在低温状态下是无法正常启动的。除此之外，电调、电池等配件在低温状态下的性能也都会受到影响。

另外，有些无人机厂家的自驾仪设有电子围栏，在个别区域这些自驾仪是无法解锁的。如果你的飞行区域刚好在这些自驾仪的电子围栏范围内，那么请慎重选择，因为你最终制作出来的无人机很有可能在你需要作业的区域无法解锁起飞，从而沦为一架“展示机”。

## 用　途

在对飞行环境有了了解之后，我们要确定这架无人机的用途。即使很多时候我们DIY一架无人机仅仅是为了获得飞行的乐趣，但仍然有很多人在完成这项工作后的某一天会突发奇想：要不要给我的飞机增加一个摄像头?

所以，我们需要提前考虑好：要不要为我们的飞机预留出一定的拓展空间。增加一个摄像头或相机也就意味着要增加一个图传电台，而这两者不仅仅意味着起飞重量的增加，也意味着电能的额外消耗。相应地，就需要我们在无人机动力系统的设计上有所考虑。

另外，如果你试图将一架自己DIY的无人机应用于工业用途，就更需要注意：一定要选择品质优秀的可靠配件，并且在设计时留出足够的动力冗余。这不仅因为工业级用途的无人机需要更长的航时、更强的抗风性、更高的可靠性，还因为这种飞机搭载的载荷往往非常昂贵，一旦出现事故，将会带来较大的经济损失。

## 预 算

也许把这条作为调研内容之一会让许多人觉得荒唐，但不可否认预算是无人机配件选用的最大决定因素。

一台电机、一个飞控、一块电池，甚至一支螺旋桨，其价格可能相差十倍甚至数十倍。其中最昂贵的当属无人机飞控。当然，对于消费级市场，由于极翼、大疆等公司以及APM、Pixhwak等开源飞控的存在，购买一个物美价廉的飞控并非难事。

## 配 件

DIY一架四旋翼无人机需要准备以下配件：机架一个、无刷电机四台、无刷电调四个、螺旋桨两对、无人机飞控（也就是自驾

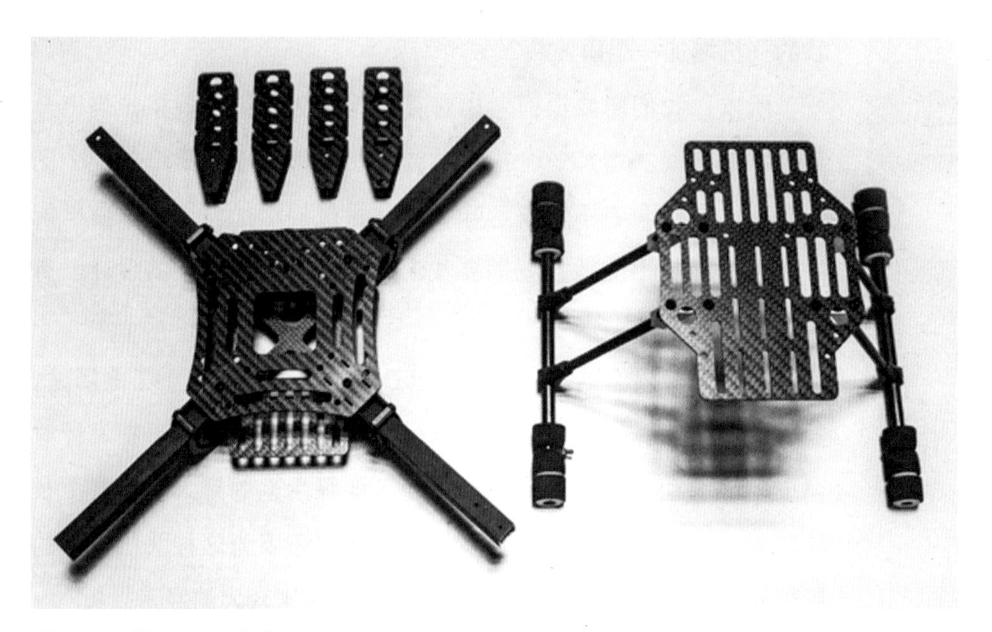

**图5.02　极趣X425机架**

仪）一个、遥控器一个、接收机一个、XT60接头一对。

下面来看看我们准备的配件。

### 机　架

由河北唐山极趣俱乐部的王齐先生提供的极趣X425机架。

### 动力组

对于新手而言，对动力系统较难把握，因此建议购买品牌的动力套装。对于有经验的玩家，可以自行搭配动力。

### 螺旋桨

根据机架尺寸，我们选用10英寸螺旋桨。

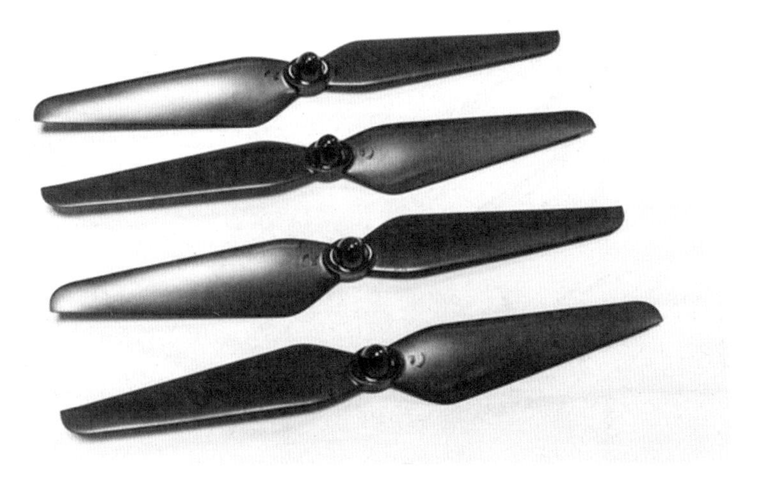

图5.03　螺旋桨

## 电　机

根据螺旋桨和机架，我们选用规格为2212、KV值为920的无刷电机。

图5.04　无刷电机

**图5.05 无刷电调**

## 电 调

选用30A无刷电调。

## 电 池

此处电池的选配需要考虑机架与动力系统，不宜过重，也不宜过小，因此采用3S 4000mAh的锂聚合物电池。

## 飞 控

此处我们选用上海极翼提供的P2prov2飞控套装。

## 遥控器

我们选用Futaba T14SG遥控器，搭配Futaba R6208SB接收机。这款遥控器性能稳定，但价格不菲，如果您受限于预算，可自行选择性价比更高的遥控器。

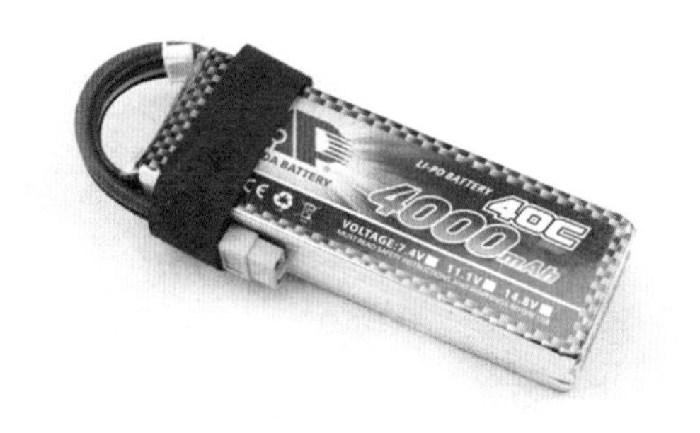


图5.06　佛山实达提供的3S 4000mAh的锂聚合物电池

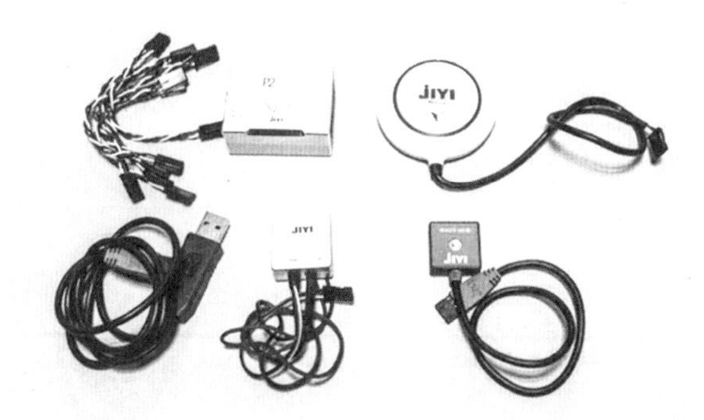


图5.07　上海极翼的P2prov2飞控套装

图5.08　Futaba T14SG遥控器

### 其　他

中心基线板、香蕉头等散件。

## 设　备

俗话说：欲善其事，先利其器。下面我们来看一看需要准备的设备。

### 电烙铁

电烙铁，用来焊接电线与香蕉头、电线与集线板、电线与XT60接头等。需要注意：高温危险，小心烫伤。

**图5.09　电烙铁**

图5.10　焊接台

### 焊接台

焊接台，用来夹住一些小部件以配合电烙铁进行焊接工作。

### 热风枪

热风枪，可用于将热缩管加热，使其牢固地套在电线上。如果没有热风枪，使用打火机也可以替代。

### 万用表

万用表，可用于测量电池电量以及集线板电流。另外，将万用表的探针插于电池的平衡头上，还可测量每一片电芯的电压，以测试电池各个电芯之间的一致性。

图5.11　热风枪

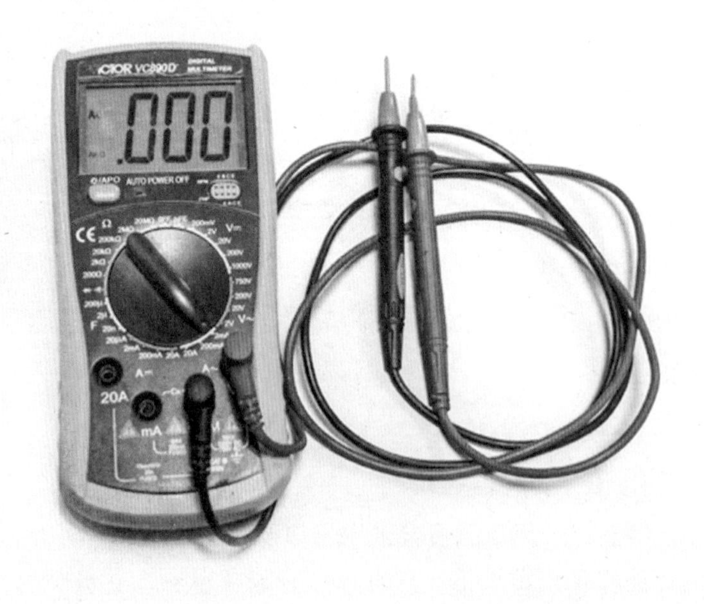


图5.12　万用表

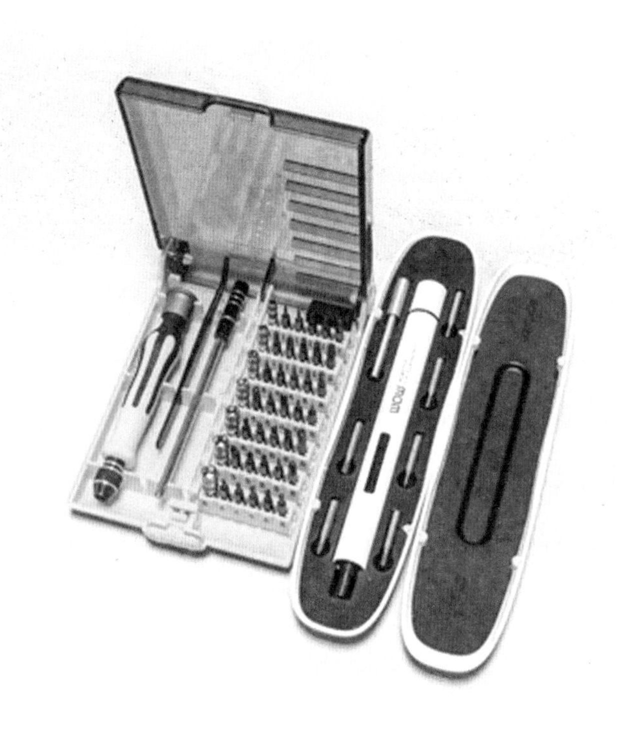

图5.13　六方扳手套装

### 六方扳手套装

六方扳手套装，用于装卸机架和电机座上的螺丝。

## 消耗品

除了配件和工具，还需准备一些消耗品。

### 电　线

用于连接电池与用电器件。

图5.14　红黑电线

### 双面胶

用于将电子设备粘接在机架上。

### 焊　锡

用于焊接，需要预热。

### 焊锡膏

可帮助电烙铁焊头更好地吸住焊锡。

### 螺丝胶

金属螺丝连接处必不可少的加固用品。分为三个等级，无人机上切勿选用高强度螺丝胶。建议选用低强度规格的螺丝胶，并且在使用时只涂抹一丝，以避免后续拆卸时无法将螺丝卸下。

### 热缩管

套在电线与XT60接头处，并用热风枪吹紧。可避免导线短路。注意要确保金属部分被全部包裹在热缩管内，否则容易造成短路。

图5.15　双面胶

图5.16　焊锡

图5.17　焊锡膏

图5.18　螺丝胶

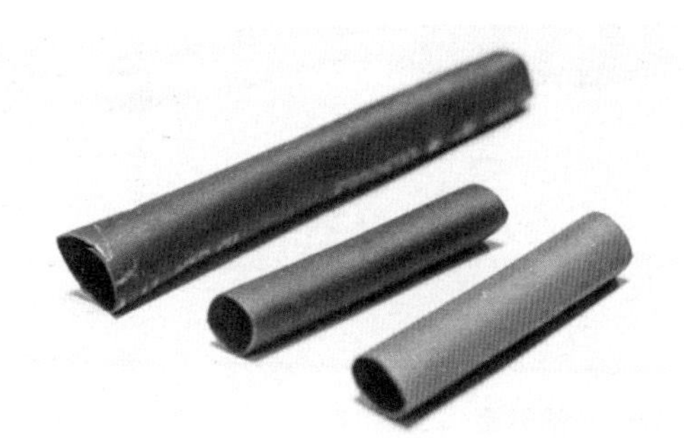

图5.19　热缩管

# 第二节　组装

做完了准备工作，我们就可以正式开始无人机的DIY工作了。这项工作分为三个阶段：组装、调试、试飞。下面，我们先来进行组装工作。

**组装工作可以分成“四接”：焊接、插接、粘接、装接。**

## 焊　接

我们首先来完成焊接工作。焊接需要三步：

**第一步：将香蕉头与电调线焊接好。**如果买来的电调是已经焊接好香蕉头的，那么此项工作跳过。如需自行焊接，焊接前千万记得先套热缩管。

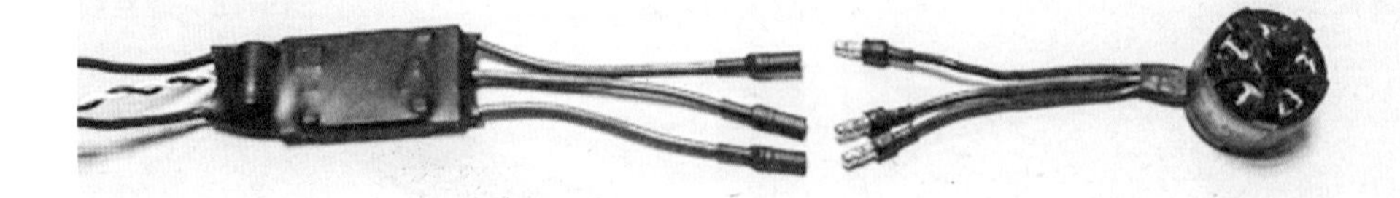

**图5.20　香蕉头的焊接**

**图5.21　XT60头的焊接**

**第二步：将红黑导线各一根分别焊接在中心集线板的正负极上，两根导线的另一端各自焊接在XT60接头上。**注意正极连接红线，负极连接黑线。同样，记得先套上热缩管。

**第三步：将四个电调的八根供电线以及飞控的电源管理模块焊接在中心集线板上。**注意正极用红线，负极用黑线。

**图5.22　中心集线板上的焊接**

请注意，每一步焊接完成后，如果导线上套有热缩管，请使用热风枪对其进行加热，使其紧套在导线根部，以避免短路现象发生。另外，在焊接过程中，如果香蕉头、XT60等体积较小的器件不方便焊接，可以利用焊接台将其固定后进行焊接。最后，可以在焊接处打上热熔胶。

至此，我们的焊接工作结束。为保证桌面的整洁，我们可以将电烙铁、焊锡、焊锡膏等物收起来。在将电烙铁收起来前，请注意：焊头在一段时间内仍保持高温状态，要小心以免被烫伤。

## 插 接

在完成无人机的焊接工作后，我们要进行插接工作。插接工作有五步：

**第一步：电调与电机的插接。**

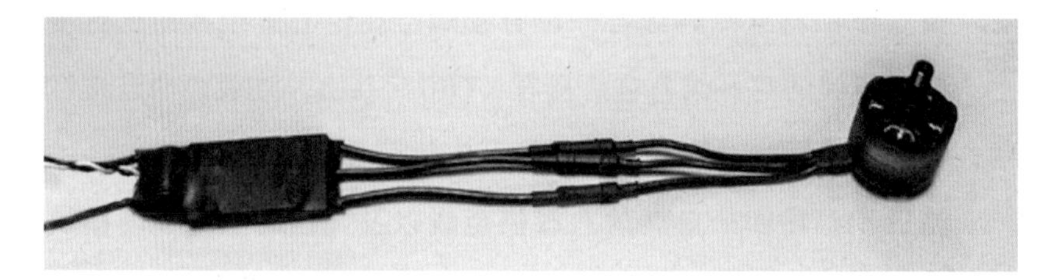

**图5.23 电调与电机的插接**

我们要将四对电机与电调分别按照上图所示进行插接，在这一阶段，我们可以不在乎接线的顺序，只需将每对电机与电调的三根线通过香蕉头插好即可。在后续的调试阶段，我们将会检测电机的转向，如发现转向有误，再对电机电调的接线进行调整。

**第二步：飞控与电调的插接。**

如图，我们要将四个电调的信号线与飞控进行插接。按照本书前文讲述的电机编号，将对应电调的数据线插进飞控相对应编号的接口，即可完成。

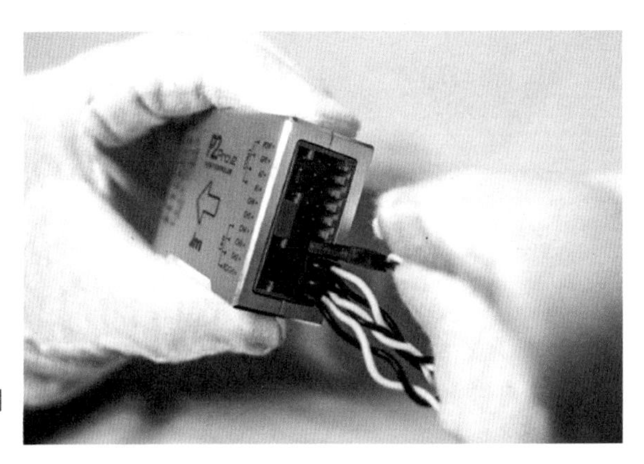

图5.24　飞控与电调的插接

**第三步：飞控与接收机的插接。**

如图，我们要将接收机的数据线与飞控对应的接口进行插接。不同的接收机通道对应不同的功能，第一通道对应副翼（横滚），第二通道对应俯仰（前后），第三通道对应油门（升降），第四通道对应偏航，第五、第六通道对应辅助通道。我们按照顺序将接收机的数据线插进飞控对应的接口，即可完成工作。

**第四步：GPS模块及LED灯与飞控的插接。**

**第五步：电源管理模块与飞控的插接。**

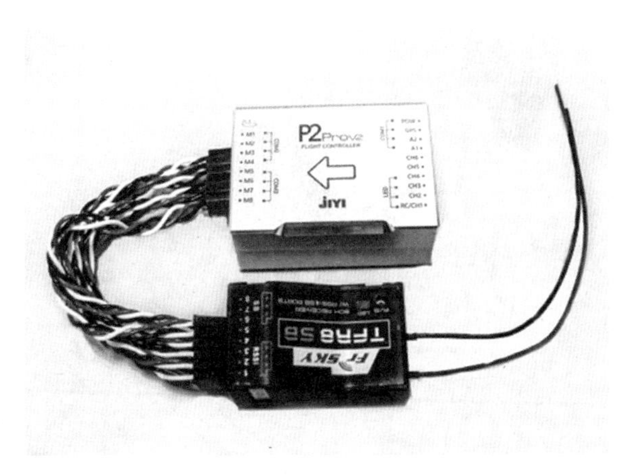


图5.25　飞控与接收机的插接

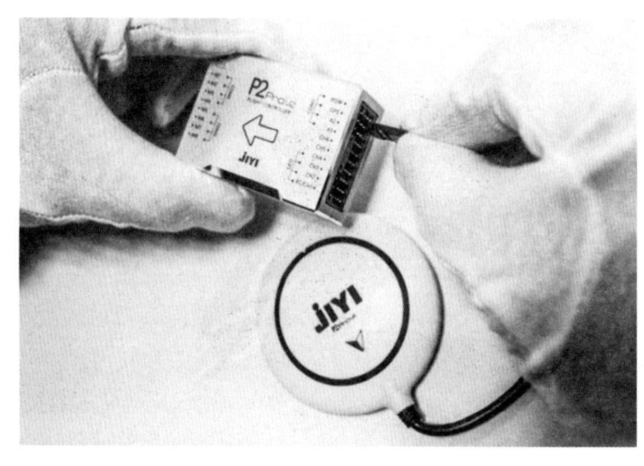


图5.26　GPS模块与飞控的插接

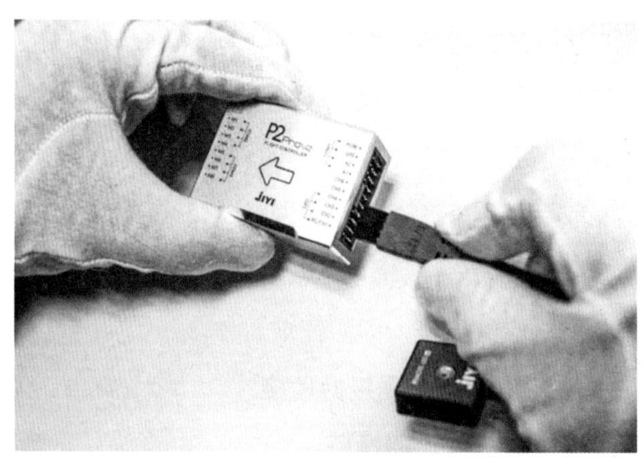


图5.27　LED灯与飞控的插接

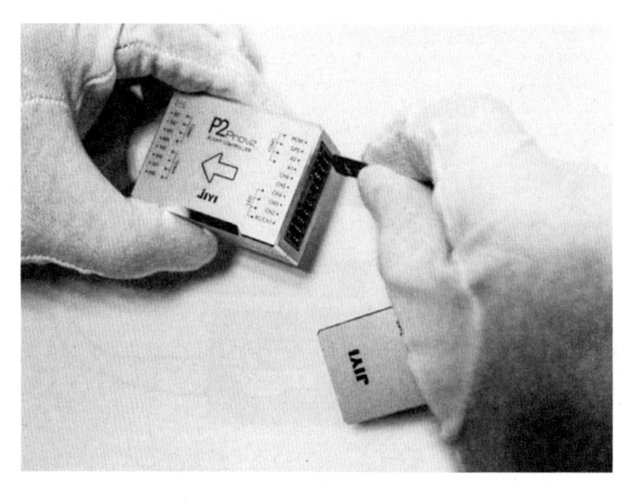


图5.28　电源管理模块与飞控的插接

# 第二节　组装

## 粘　接

粘接分两步，先将双面胶贴于需要粘接的电子设备底部：

**第一步，将飞控贴在机架上，如下图。**

**第二步，将LED灯、电源管理模块以及中心集线板粘接在机架底部。**

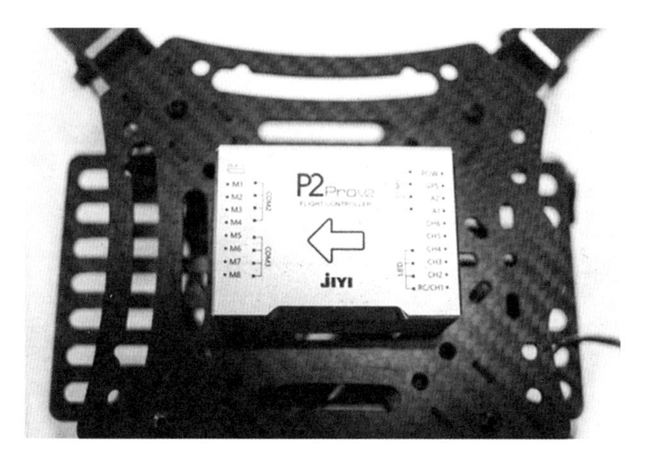


**图5.29　将飞控粘接在机架上**

**图5.30　其他电子设备的粘接**

## 装　接

在完成了无人机的焊接、插接、粘接工作后，我们开始进行无人机的装接工作。装接分四步：

**第一步，电机座的装接。**

将电机座装到机臂上。

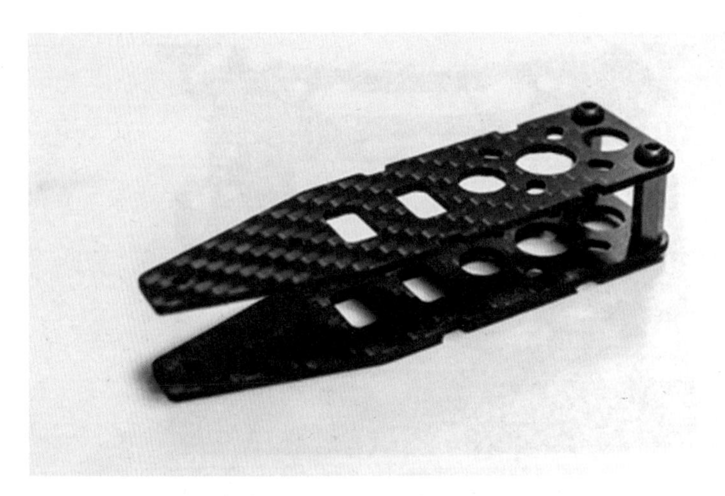

**图5.31　电机座的装接**

**第二步，电机的装接。**

如图5.32，我们将电机放置在电机座上，然后拧入螺丝将其固定。当然，在拧螺丝之前记得先涂上一两丝螺丝胶，以确保螺丝可以更加紧固而不被无人机的震动震松，避免事故的发生。拧螺丝有个技巧：在拧螺丝时要用螺丝刀彻底抵住螺丝，然后往里拧。拧的程度也要把握好，不能拼命地往里拧，当感觉螺丝阻力很大时再拧半圈即可。当然此处也可选用力矩螺丝刀。

**第三步，下层碳板的装接。**

如图5.33，只需将四根红色铝柱先固定在机身上层碳板上，然后把下层板固定在铝柱上即可。

**最后一步，我们将起落架安装在机身的下层板上，即可完成机身的安装。**

**图5.32　电机的装接**

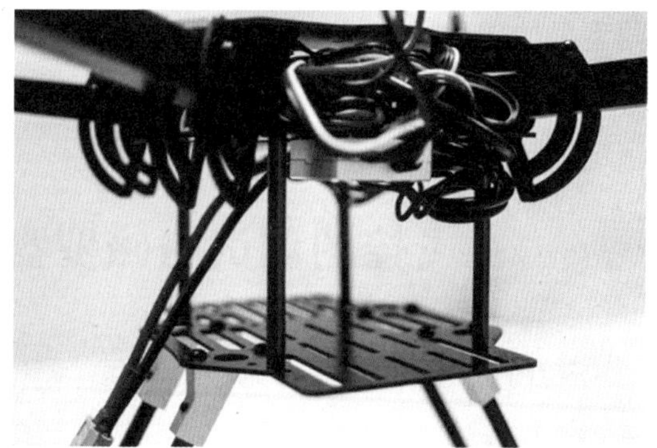

**图5.33　下层碳板的装接**

**图5.34　起落架的安装**

# 第三节　调试

## 对　频

首先我们要进行遥控器与接收机的对频。由于不同品牌、不同型号的遥控器与接收机的对频方式各不相同，在这里不做过多叙述，请各位读者参考各遥控器说明书。

## 飞控的调试与磁罗盘的校准

P2prov2调试说明可见极翼官网：www.jiyiuav.com。

## 电机旋转方向测试

在完成飞控的调试后，我们可以通电测试一下电机的旋转方向。连接电机的电调有三根线，如果发现某个电机的转向和飞控说明书中规定的相反，只需将这三根线中的任意两根断开，互换接口重新连接即可。

请注意，在测试电机转速的过程中，切记不能安装螺旋桨，以免造成人身伤害。

# 第四节　试飞

这是风险最大的一个环节，也是无人机DIY的最后一个环节。

## 装螺旋桨

在安装螺旋桨的时候需要注意，不要将螺旋桨装反。前文已经讲过螺旋桨的正反以及如何判断旋转方向，在此不再赘述。

有些消费级无人机厂商推出的自锁桨不仅可以避免螺旋桨的错装，还可以避免由于安装不紧导致的射桨。

图5.35　安装螺旋桨后的无人机

## 通　电

试飞前的通电要严格按照以下三步进行：

**第一步：打开遥控器的开关；**

**第二步：给无人机通电；**

**第三步：与无人机保持安全距离。**

完成以上三步即可解锁起飞。

## 起　飞

在使用遥控器解锁前，即使推油门，无人机也不会启动。不同的飞控解锁方式不同，只需要按照特定的打杆动作进行打杆，即可解锁。

解锁后，无人机的螺旋桨可能会以怠速开始旋转（也可通过调参软件设置成不转），此时可以推油门使无人机起飞。需要注意，在推油门的过程中要果断，让无人机迅速离开地面，同时不要拨动其他通道的摇杆，否则容易导致事故的发生。

起飞后，注意观察无人机的状态。如果无人机出现剧烈抖动、颤动等现象，请将无人机降落，检查动力系统或对飞控重新进行调参。如果发现无人机在悬停模式下出现偏移、乱飞等现象，说明无人机的GPS信号受到了干扰或GPS模块出现了故障，请降落无人机并更换飞行场地或检查GPS模块。如果无人机出现了与遥控器遥控指令不符的现象，说明接收机的某通道可能出现了故障，请降落无人机并进行无桨调试。如果无人机出现自旋现象，可以尝试将磁罗盘重新贴正并重新校正，再次起飞后如果现象未消除，可尝试更换飞行场地。

## 降 落

在降落过程中，无人机的螺旋桨减速，动力降低，此状态下的无人机处于一个相对“脆弱”的飞行状态。

因此在降落过程中，要注意两点：

1.保持垂直降落，在降落过程中不要拨动其他通道的摇杆，如需调整降落位置，可以暂停降落，调整到位后再继续降落。

2.收油门一定要轻柔，不能猛收油门，以免无人机下坠过快而出现无法挽回的情况。

# 专业名词解析

**无人机：**

也称“空中机器人”，一般指具有自主飞行能力、机上不搭载驾驶员的飞行器。

**多旋翼无人机：**

指带有两个以上旋翼、依靠螺旋桨旋转产生向上升力而起飞的无人机，俗称“多轴”。多旋翼无人机有几个轴，就可以叫作“几轴”。常见的有四旋翼、六旋翼和八旋翼无人机。

**固定翼无人机：**

指带有机翼并且机翼位置固定不变的无人机，它的外观很像我们平时乘坐的客机。这种无人机依靠螺旋桨产生向前的推力或拉力，从而利用机翼上下表面产生的压力差飞行。

**GPS全球卫星定位系统：**

GPS是英文Global Positioning System（全球卫星定位系统）的简称。在全球范围内进行实时定位和导航，GPS的定位精度为10米左右。

**无人机自动驾驶仪：**

俗称“飞控”，通过综合分析各种来自传感器的信息来控制无人机的飞行姿态，保证无人机飞行的稳定性。

**地面站系统：**

指安装了自动驾驶仪控制软件，用以规划航线、上传指令、处理数据等的系统。要配合链路系统使用。

**发动机主油针与副油针：**

主油针也叫“高速油针”，控制高速时的进油量，高速时副油针一般不起作用；副油针也叫“低速油针”，控制怠速时的进油量。

**油　路：**

发动机供油的油管。

**空速管：**

在固定翼无人机的机头或机翼前端一般会有一根朝向无人机正前方的细长小管，与压力传感器连接。它通过比较动压与静压的差值来确定空速大小。动压即无人机前行时气流冲进空速管末端，传感器感受到的气流冲量；静压即空气静止时的压力。无人机飞行越快，动压越大。

**红外热成像仪：**

指将物体发出的不可见红外能量转变为可见的热图像的仪器，热图像上面的不同颜色代表被测物体的不同温度。

**轴　距：**

两个对角电机轴之间的距离。如果一个机架的轴距是450毫米，我们就可以叫它“450”。

**气动布局：**

指无人机各翼面（如主翼、尾翼等）的放置方式，气动布局主要决定无人机的机动性。

**空气动力：**

指风作用于机翼而产生的升力、正面阻力和拉力。

**翼载荷：**

指无人机重量与机翼面积的比值。

# 专业名词解析

**展弦比：**

指机翼翼展和平均几何弦之比，展弦比的大小对无人机飞行性能有明显的影响。

**马赫数：**

表示声速倍数，马赫数小于1为亚音速，近乎或等于1为跨音速，大于1为超声速马赫。如果一架无人机在某一点的速度是同一地点声速的1.5倍，就说这架无人机在此地点的马赫数为1.5。

**临界马赫数：**

无人机飞行时，随着飞行速度增大，上翼面压力最低点的速度等于此点音速时的无人机飞行马赫数。

**18650型锂电池：**

锂离子电池，18650为其型号的定义法则，指电池的直径为18毫米，长度为65毫米，圆柱体形电池。

**4108规格的无刷电机：**

指定子的直径为41毫米，定子高度为8毫米的无刷电机。

**1045规格的螺旋桨：**

指直径为10英寸，螺距为4.5英寸的螺旋桨。

**螺　距：**

假设螺旋桨在一种不能流动的介质中旋转，那么螺旋桨每转一圈，就会前进一个距离，我们将这个距离称为“螺距”。桨叶与旋转平面的角度越大，螺距就越大。

**悬停精度：**

指无人机控制误差的大小。

**控制误差：**

指悬停在空中某一点的无人机，经过一段时间后，距离初始悬停坐标所偏移的距离。

**导航误差：**

指由于导航系统的误差而造成的无人机在航线飞行过程中产生的与实际地理位置相偏差的距离。

**飞行模式：**

常用的有手动模式、姿态模式、自主模式、定点模式、返航模式等，根据任务要求使用相应的飞行模式。

**连续性定理：**

当一种流体连续、稳定地流过一根管子或类似形状的空间时，管中的任何一部分流体都不会中断或被挤压起来，因此，在同一时间内，流进任一个切面的流体质量和从任何另一个切面流出的流体质量是相等的。

**伯努利定理：**

简单地讲，在一个流体系统中，对于不可压缩、黏度可以忽略不计的理想流体，如空气、水等，它的流速越快，则对它所流经的管道或空间表面产生的压力越小。

**空机重量：**

指不包含载荷和燃料的无人机重量，该重量包含燃料容器和电池等固体装置。

**视距内飞行：**

无人机驾驶员或观测员与无人机保持直接目视视觉接触的操作方式，航空器处于驾驶员或观测员目视视距内半径500米，相对高度低于120米的区域内。

**融合空域：**

指有其他有人航空器同时运行的空域。

# 专业名词解析

**隔离空域：**

指专门分配给无人机系统运行的空域。

**微型无人机：**

指空机重量小于等于7千克的无人机。

**轻型无人机：**

指空机重量大于7千克，但小于等于116千克的无人机，且在全马力平飞中，校正空速小于100千米/小时（55英里/小时），升限小于3000米。

**小型无人机：**

指空机重量小于等于5700千克的无人机，微型和轻型无人机除外。

**大型无人机：**

指空机重量大于5700千克的无人机。

# 国内知名无人机媒体、论坛

**无人机世界：**

无人机世界（公众号uavwww）成立于2015年，由北京长颈鹿互动科技有限公司创建，使命是“用无人机连接人与天空”，致力于服务无人机用户，帮助用户学习应用和购买无人机，打造无人机领域的“汽车之家”。目前全网粉丝、用户累计超过3万人，是最大的专业飞手社群。无人机世界于2016年推出国内首个无人机培训平台，与全国50%以上的无人机培训机构签约合作，为无人机用户寻找合适的培训机构，并对接优质的工作岗位。

**宇辰网：**

宇辰网（www.yuchen360.com）成立于2015年，由北京宇辰世纪科技发展有限公司创建，以“让世界读懂无人机”为服务宗旨，致力于为全球无人机领域的专家、学者、从业人员及业余爱好者提供精深的行业资讯，资讯内容包括技术资讯、产品测评、行业应用、政策风向、企业动态、人物专访、展会活动、热门专题和专家专栏等。宇辰网通过资源整合，在媒体服务的基础上，为无人机企业和相关企业提供品牌传播、电子商务、供需对接、行业咨询等服务。如今，宇辰网已成为中国民用无人机行业最具影响力的无人机垂直媒体。

## 国内知名无人机媒体、论坛

**5iMX：**

我爱模型网（bbs.5imx.com）创立于2003年，是中国最具人气和影响力的专业模型论坛。注册会员超30万，日均访问量超45万。是广大模型爱好者、航拍爱好者、无人机爱好者、车船和静态模型爱好者及相关从业者的首选网站。

这里汇聚了全国最顶尖的模型、航模高手、专业航拍团队、无人机爱好者与3D飞行高手；能为会员呈现模型及无人机最新热点、最新技术、最新产品专业客观的测评等内容；同时，也是会员展示优秀航拍作品，发布约飞、二手交易等信息的重要途径和平台。

**环球无人机：**

环球无人机是环球网旗下的专业无人机媒体，致力于以最客观公正的视角跟踪世界无人机领域的技术发展、创新应用以及法律法规最前沿。同步关注消费级无人机、工业级无人机及航模等飞行周边。努力为无人机爱好者提供最潮的资讯，为无人机企业跟踪时代的趋势，为无人机操作者共享宝贵的经验，为无人机的采购方分享技术的前沿。

**模友之吧：**

模友之吧（www.moz8.com）是2013年由飞天狼先生及朋友们创建的公益性学习网站，建站初衷是为国内航模无人机及其他类模型爱好者创造一个更具团结、互助、开源、创新品质的精神

园地。论坛成立以来，通过测试、捐助、举办设计比赛等多种形式免费赠送给会员各类航模、无人机配件、耗材、图纸等10000多人次，价值近50万元，为模型界培养了大量的后备力量，论坛积累了大量优秀的学习资料和教程550000多篇，目前共有全国会员53000多人。

**无人机公众号：**

无人机公众号面向无人飞行器、机器人、人工智能等学术、开发及应用群体，关注国内外无人机及相关技术发展动态，普及航空航天科学知识，传播开源理念文化，推动民间无人机学术、开发及应用技术组织共同发展。公众号全年不停歇向读者推送各类与无人机相关情报、论文及文献，共享云盘中分享的图书、论文、视频、软件等资料近万种。公众号拥有读者近6万名，组织技术、供求、地区、应用等微信群500余个，在北京、深圳、上海、杭州、西安等地组织技术沙龙多次，协助官方、民间论坛及学术分会推广各类会议数十场。据新媒体大数据平台清博指数统计评定，截至2017年1月该公众号微信传播指数（WCI）为555.51，等价活跃粉丝30440人，新媒体排名20381位，高居无人机类公众号排名首位。

**飞兽精选：**

飞兽社区是全国无人机、智能机器人爱好者大型在线社区之一，这里汇聚了来自国内外的爱好者、专业玩家、从业者，拥有

# 国内知名无人机媒体、论坛

25万以上用户及众多优秀无人机航拍作品，同时提供专业、即时的无人机、智能机器人新闻资讯、评测、教学等内容，是目前拥有极高人气且涵盖内容全面的无人机、智能机器人学习交流平台。

# 致 谢

感谢和我一起完成本书的南航学弟郑宇；感谢行业泰斗张聚恩前辈为我们的书写序；感谢本书编辑王海涛先生和崔敏女士；感谢行业泰斗安康前辈、南庸前辈、吴强先生和李文敬女士对我的鼓励和支持；感谢好友李国乐为此书做内容校对；感谢南航学妹钟琳为我们真人出镜；感谢我的顾问团为我提供的技术细节指导，他们是董国威先生、侯志刚先生、李国乐先生、周震博先生、潘高阁先生、陈永帅先生、李栋先生和张子龙先生。

感谢刘腾腾先生为本书付出的努力和汗水，本书所有的效果图均由他完成。

感谢以下企业或单位为本书提供的图片和帮助（以下为公司简称）：佛山安尔康姆航空、河南卓尔航空、上海极翼、北京凌美芯、深圳常锋、珠海市凯越科技、北京龙脉无人机、唐山极趣科技、广州彭资、深圳蒲迅电池、佛山实达科技、珠海羽人农业航空、北京零度智控、北京零零无限、南航自动化学院飞控研究生实验室、南京航空航天大学非空工作室、江苏艾格信航空科技、北京鑫安动力、河北翼龙航空科技、深圳埃游科技、北京蜂巢航宇、京东、大漠大智控、远度科技、深圳优鹰、南京吉翼机器人、山东超景深、深圳华之翼、上海攀业氢能源。

感谢以下朋友以个人名义为本书提供的图片和帮助：安康先生、王齐先生、侯志刚先生、许志成先生、史立先生、尹继荣女士、李国乐先生、陈铜宇先生，我的同事张艳辉和学生冯朝辉、王文胜、左立超、程兴远、李生壮、李宏伟、吴凯、李研明、陈云龙。

感谢业内各位朋友对我的支持和帮助，感谢我工作过的两个系统内所有领导及同事对我的关爱和指导。

最后，感谢我的家人。如果没有你们长久以来对我的包容、支持和鼓励，我是没有勇气走到今天的，我爱你们。

赵雲超

2020年9月于北京丰台